成交，就是這麼簡單

祕辛 1
100％
成交必勝心法

祕辛 2
7 句話
成交術

銷售
No.1

祕辛 3
10 大快速
成交祕技

祕辛 4
15 分鐘
成交筆記

王寶玲 亞洲八大名師　王莉莉《祕密》系列譯者　林哲安 暢銷書作家
曹順安 亞洲業務幫幫主　Max 呂 三一網路科技董事長　古詠馨 億萬領袖俱樂部
路守治 富裕自由教育長　Terry Fu 網路行銷戰略專家　萬采縈 國家體操金牌總教練　聯合推薦

超級業務新星誕生！

去年，采舍出版集團為了推廣出版風氣、挖掘更多潛力新秀作家，開辦了出書出版研習班；裕峯就是席間與我暢談夢想的年輕人。初次見面時，我對於他謙虛的態度、優雅的談吐，頗為激賞。任何初識裕峯的人，光看外表，很難想像年紀輕輕如他，就已在領導行銷實戰之公眾演說，累積了超過2000場的紀錄，受惠於他的學員也數以萬計。

與之深談後，發現他的安靜中蘊含著智慧，微笑中隱藏著歷練；這麼一個開朗、陽光的年輕人，背後卻有著不為人知的艱辛。學歷不高、家境清貧，僅憑藉著一顆不服輸的心，願意從基層業務做起，一路不斷跌跌撞撞、汲取經驗與教訓，終於闖出自己的一片天。現在，他出了這本《成交，就是這麼簡單》，我想絕對是市面上最具有實戰經驗的銷售寶典。

閱讀此書手稿，心中屢屢浮現英雄所見略同之感。市面上眾多教科書式的成交思維儼然已落伍，以舊方法來經營新世代的銷售模式，肯定是行不通的。以經濟學觀點言之，這是個供需嚴重不平衡的世代，當世上大多數人都因對未來經濟的悲觀而不敢、不願多消費，導致經濟發展的惡性循環。要跳脫這個困境，除了被動等待政府的行動，民間創業主與業務員們更應致力學習「跟上時代潮流」的成交心法。本書不若市面上眾多理論取向的成交書籍，全書不空談高深理論與口號，以傳授實戰技巧為綱，作者一步一腳印的豐富經驗為緯，逐一破解成交的成敗之因，為你娓娓道來經過實戰檢驗的成交技巧；書中更收錄當前最新的「五感銷售」、最實用的「少喝一杯咖啡成交法」，以及無聲勝有聲的「沉默成交法」……，讓你的成交視野不受限，見樹也見林！

我認為絕不只是業務員該擁有本書並詳加研讀、細細揣摩；它更是一本人人在人生路上必備的成功聖經。事實上，所有的生命都是彼此賴以生存的對象，我們都在人生旅程中交換彼此的需求。是故人生無處不行銷，處處需成交，全世界，每個人無時不刻都在做業務。總統（每到選舉，他就會一天到晚兜售他的政見）、宗教家（銷售信仰與教義）……乃至於職場應用、夫妻相處、親子關係無不需要這項能力。具備完美銷售、絕對成交的能力，是扭轉人生逆境的墊腳石，也才能讓生命更臻完滿。

你還在等什麼？趕快翻開下一頁，儲備累積成功的能量，打造專屬於你的完美成交人生！

亞洲八大名師　王寶玲博士

BUSINESS

善用此書，增加300%的收入！

這是一個競爭的世界，要站得住腳，永遠立於不敗之地，靠的是「核心競爭力」。構成核心競爭力的諸多元素中，最強的一項絕招就是「銷售」，而銷售目的在於成交。

從事銷售已經二十多年，閱讀過百本以上銷售著作，最讓我耳目一新的，卻是近日受邀試讀的《成交，就是那麼簡單》。書名在一開始便擄獲我的目光，因為它點出我的人生哲學：「只要掌握銷售技巧，成交的確像喝水那麼簡單、如呼吸那般自然。」

市面上成交相關書籍非常之多，真正能從書中受益的人卻少之又少，一方面原因在於，比起紙上談兵，業務更重視實戰經驗；另一方面，整天四處奔波的業務，極少有時間坐下來好好從頭到尾讀一本書。然而裕峯這本書幫我們解決了這兩個困境！

本書是他綜合15年業務經驗寫成，因此絕不是紙上談兵。他在書中明確給予「什麼時間點該說什麼話」、「什麼時候該用哪一種成交法」的引導，並且大膽公開業務界私藏的話術祕辛。最讓我驚豔的是，他在每一章的最末，提供了精心構思的「15分鐘成交note（筆記）」，對於上戰場前亟需自我磨練的業務來說，真是一大福音！即使沒有時間讀完整本書，只要完成每一個「15分鐘成交note」，立即能提升自己的銷售實力。而若在填寫note（筆記）時不知該如何下筆，只要回頭展讀該章節內容，就可以豁然開朗。

總之，這真是一本讓我感到「招招精彩」、「招招實用」、「招招都可以倍增財富」的好書！

您想逃離貧窮的生活嗎？您想倍增您的收入嗎？您想實踐高遠的目標與理想嗎？請記住：銷售是通往夢想的最佳途徑，唯有一手掌控「成交」的人，才是最後的贏家。您一定要多買幾本裕峯老師的書，送給您的同事，您的朋友，大家一起實現自我人生的最終夢想！

三一網路科技董事長 大Max

改變命運，也需要學習

非常感謝裕峯老師讓我有這個機會為他的大作寫推薦序。

我和裕峯第一次見面是在一家咖啡廳，當時他詢問我出書方面的問題，那一個午后我們相談甚歡，也發現彼此間許多共同點。而他為人誠懇、努力好學、樂於分享的態度和精神，令我印象深刻。最讓我佩服的是他說要出一本書，就立刻著手出書事宜，更耐心克服過程中諸多難題。出書並不簡單，在我的周遭有很多人說要出書，空談半天卻一個字都還沒開始寫。裕峯老師說到做到的氣魄和超級執行力，堪為擁有出書夢想者的典範。

很感動有幸先一睹裕峯老師的大作《成交，就是這麼簡單》。看完初稿，我才知道裕峯過去那段不為人知的辛苦奮鬥故事。再次證明沒有人是天生的成功者，每個人都有要挑戰的地方、都有不為人知的課題要闖。裕峯能有今天的成就，都是慢慢累積、學習、鍛鍊而來。

本書除了描述了裕峯奮發向上的成長故事外，更將銷售上從「內在心法」到「外在技巧」，用簡單易懂的方式來讓讀者快速吸收。書中說破了阻礙我們前進的「七隻魔鬼」；公開令人無可抵擋的「30秒無敵開場白」、「八大潛意識溝通法」；揭露顧客「願意付錢的八個關鍵」；以及有條不紊地整理了「十種成交技巧」等，所有銷售人需要的元素完全收錄，毫無藏私。

書中讓我感到精彩萬分的莫過於「問對神奇問句」這章節，從「直指核心的逼問」，到「封閉／開放式詢問」的交叉運用，以至「絕對不要使用的問句」一覽表，都讓我覺得相當高明！更甚者，神奇問句除了應用在詢問客戶，同時也適用於反問自己。事實上，懂得問自己什麼問題，將決定一個人的一生，因為答案就在問題裡。正面積極地問，將朝向成功勝利的人生；反面自貶地問，則會轉往負面消極的未來。從本書中，我最大的收穫就是，原來改變命運也需要學習。

我相信這本書一定可以幫助更多的人提升業績，甚至改變人生！最後祝裕峯老師新書大賣！

暢銷書《業務九把刀》作者　林哲安

渴望你一起來超越巔峯

這是一個最糟的時代，經濟不景氣扼殺太多年輕人的出路與夢想；這也是一個最好的時代，在大環境中受挫、不甘為平凡公務員或朝九晚五上班族的潛力人才，進入了最具競爭力的業務領域，他們——其實就是我們，將開拓出更具創意、更充滿爆發力的新紀元。

「超越巔峯」是我的教育訓練公司，也是我的人生格言。

許多人問我為何要出書？其實很簡單，我要記錄淚與汗交織的過去，鼓舞自己和團隊聯手於當下，展望遼闊無際、令人瞠目結舌的未來。本書從我個人的故事開始，到超越巔峯這家公司的起飛；爾後，我彙集15年業務經驗，毫不藏私公開我的成交心法、成交話術、成交祕技；最後，附上超越巔峯學員的成交現證，以及公司內部最給力的核心幹部故事。

還記得「超越巔峯」草創初期，沒有資源、沒有場地，要不是各方朋友鼎力相助，我們實在一籌莫展。感恩業務幫曹幫主和總監Linda免費幫我們舉辦教育訓練課程，更在他們的社群平台上全力行銷「超越巔峯」，讓我們團隊的業務正妹登上新聞版面，團隊知名度因此大幅上升。而沈董跟古詠馨老師義不容辭地將辦公室借給我們作為教室，讓我們可以舉辦各種活動。大MAX老師除了提供免費的演講，更帶領我們團隊的夥伴到大陸，與國際老師接軌，不只打開我們的眼界，更讓我們看到國際市場的機會，激勵自己開創更大的人生格局。真是衷心感謝。

由於諸多貴人的協助，我們才能堅持下去，不斷創造新頁，也才有今日的「超越巔峯企管顧問公司」。此外，這本書得以問世，都要感恩哲安老師為我引薦生命中另一位貴人——采舍國際王寶玲董事長，讓我圓了9年來的出書夢想。

行步至今，有太多人要感恩，或許無法一一向每個人訴說，但我準備化謝意為行動，奉獻給整個社會，讓更多人鼓起超越自己的勇氣、湧現突破窠臼的信心。

期望擁有這本書的你，也能加入我們的夢想殿堂，一起來超越巔峯、開展人生新頁！

林裕峯

目錄

Contents

Part 3 用對話術，扭轉人生

Part 4 十大快速成交祕技

BUSINESS

Part 5 超越巔峯見證

我要尋找人才

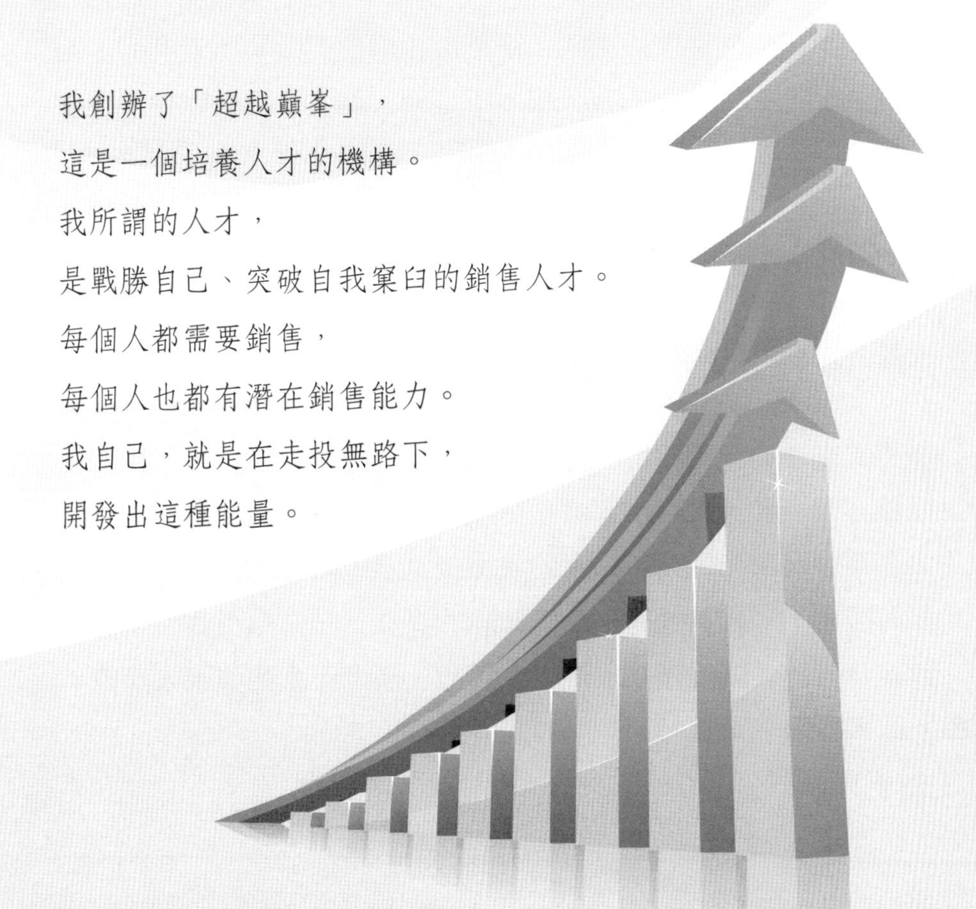

我創辦了「超越巔峯」，
這是一個培養人才的機構。
我所謂的人才，
是戰勝自己、突破自我窠臼的銷售人才。
每個人都需要銷售，
每個人也都有潛在銷售能力。
我自己，就是在走投無路下，
開發出這種能量。

unit 01 扭轉人生的魔法師

我從來沒有想過，一路走來至今，我的人生，竟然會有如此大的轉變，無論是我的財富、我的收入，還有帶領團隊的能力，無不達到人生的高峯。

不少多年未見的朋友看到我，都不敢相信他們眼中所看到的，因為眼前的我和他們印象中的我，根本不是同一個人。也難怪他們會有這樣的想法，畢竟過去的我沒有自信，成績普通，對外表現乏善可陳，個性更是內向害羞，連和人說話都不敢看著對方的眼睛。這樣的個性來由，要從我的生長背景開始說起。

青年阿信的求學歷程

從小，家裡的經濟環境不是很好，父親是公車司機，母親擔任褓母，賺錢非常辛苦，又有三個嗷嗷待哺的孩子。身為長子的我，受到家人、甚至整個家族的期待。我的成績總是眾人關注的焦點，「未來一定要有成就！」成為我肩上無法卸除的責任，常常壓得我喘不過氣來。於是我的個性開始轉變，變得比較悶，甚至不太想與別人交往，喜歡一個人躲起來獨處。

肩負著說不出的壓力，一路來到國中。那個時代還有所謂的「分班制度」，全校成績最好的同學，會被集中到 A 段班；而 B 段班——就是所謂的「放牛班」，都是一群大人眼中不愛讀書的孩子。由於在讀書方面不是很擅長，我被分到了 B 段班。我們班上的同學，雖然成績不好，但每個人都很活潑、很會玩。每天在一群嘰嘰喳喳的同儕之間，我因為個性內向且懦弱，被欺負、被霸凌是家常便飯，導致我開始產生類似憂鬱症的傾向。那時候，班上同學幫我取了個綽號叫阿信，不是五月天的阿信，是日本苦命女阿信，被取這個綽號是因為常常要幫人家跑腿、做苦力。即使被欺負、滿腹委屈，但我的個性實在不善表達，只有默默吞忍的份，真的就好像日本連續劇中那位苦命的女性。

就讀專科夜間部的時候，為了幫忙家計，我進入一間國中的合作社擔任工讀生，這是我人生第一份工作。沒有自信的我，收錢時不敢直視對方，連被詢問很簡單的問題如：「還有蘋果牛奶嗎？」「芋頭麵包沒有了？」，我都十分慌張，即使眼前只是年紀比我小的國中生。我想當時應該是打從心底抗拒與人溝通，覺得要去跟陌生人說話好有壓力。雖然不斷逃避，但或許是接觸的人變多了，我開始想試著走出自己的瓶頸。而這份工作也讓我體會到，錢的確是要努力去賺才能得到。

後來，我離開合作社，到電子工廠擔任技術員，在這裡，我認識了生命中的貴人之一——我的第一任女朋友。她是一個活潑外向、很有主見的女孩子，很希望我能走出為自己設限的框框，結交更多朋友。因此，她常帶著我去找同事聊天，希望能打開我閉鎖的心扉。非常感謝她的用心，但老實說，這樣的舉動反倒給我龐大的壓力。每次跟人對談，我都要藉由吃口香糖來轉移緊張感。如果聊天時，身上剛好沒有口香糖，我就好像被遺棄在汪洋中的孤帆，突然像不會說話了一般。

就這樣，半工半讀在電子工廠做了兩年多。專科畢業後，我準備先去當兵，女友卻在這時問了我一個問題：「你當兵以後有什麼規劃？」

當下，我愣住了，想也沒想地回答：「可能就找一份穩定的工作，當個上班族。」大我三歲的女友卻語重心長地對我說：「你根本沒有好好規劃自己的人生！難道你一輩子就這麼小孩子氣嗎？不會想未來，永遠長不大。」

這句話如當頭棒喝，讓我震驚到說不出話來，原來我在她眼中竟是這麼孩子氣、這麼沒出息。但一時之間我也不知道如何去規劃未來，後來女友就這樣離開了我。在失戀的痛苦中，我把她唯一留給我、也幾乎要擊倒我的這段話寫下來，放在書桌前，警惕自己，也下定決心，無論如何，我，一定要改變我的人生。

生命的第一個轉捩點

或許是上天要磨練我的心志吧！當兵抽籤時，竟抽中最辛苦的海軍陸戰隊。在軍中，學長對學弟有絕對的權威。每天早上的 5000 公尺晨跑，一旦跑太慢，學長便在後面大力推我們的肩膀，體力透支的人往往一推就跌倒，但他們也不加理會；不然就是邊跑邊罵。操課更不用說，稍有跟不上又是一頓痛罵。晚上大家一起唱軍歌，如果背錯歌詞，立即換來無理的「體能訓練」。

經過一整天的無理對待，每當夜晚就寢時，我和同梯的兄弟只能躲在棉被裡暗自流淚，心中常常竄出「逃兵」的念頭。但是一回到家，看到書桌上前女友留給我的話，我就不斷告訴自己，凡事一定要從正面看，絕不因為任何小事而卻步。就這樣，我不斷鞭策自己，要求自己，只要是軍中的競賽，我一定要得第一，用這樣的信念來強迫自己成長。

當兵時期唯一的樂趣，就是電視與電影。一部港劇《創世紀》，徹底翻轉了我的思維，給了我再一次的震撼彈。劇中的男主角為了要成功，不畏艱辛地朝向自己的目標努力邁進，大大鼓舞了我。這部影片我看了五遍以上，每看一次就被激勵一次，我深深立下決意：一定要成功、再成功。

就因為《創世紀》與前女友的一段話，讓我在海軍陸戰隊時，只要遇到困難就告訴自己：天底下沒有不可能，只有自己要不要；只要我要，我就一定能。就是這股信念，支撐我度過艱苦的從軍生涯。

儘管奮力追尋自我、改變自我，命運的掌握權卻不在我手上。這段時間，父親因為矽肺症病倒了，多次被醫生宣告病危。我們家境貧窮，付不出醫藥費，周遭親戚全部冷眼旁觀，最辛苦的時候，只能靠著社會福利金度日。由於父親年輕時嗜賭又不顧家，被親戚、朋友看不起，連生病時也沒有人到醫院探視。束手無策的我打電話向他們求助，換來的只是「這種爸爸離開你們也好」的風涼話！徹底把我們家看扁的親戚同樣不看好我，眼神中常流露「你未來也差不多如此成就吧！」的輕蔑。嚐遍了人情冷暖，並沒有讓我喪志，我反而一直告訴自己，一定要讓自己強大起來，無論如何一定要成功，一定要用自己的實力，證明給所有人看。

業務初體驗

父親在病情一度穩定時曾告訴我：「退伍後，你一定要去當職業軍人，要不然你出社會一定沒有出路。」當時我這麼回覆父親：「為什麼一定要當職業軍人，被綁在那裡動彈不得？」我很堅定地告訴他，自己一定會想辦法養活家裡。

我想起自己最愛的港劇，也是激勵我最多的影片——《創世紀》，故事的主人翁是一位業務員，他的人生因為擔任業務而徹底翻身，從一個小人物一躍成為大老闆。所以，我決定踏上業務這條路。

儘管抱持著堅定的決心，在第一個月，我卻換了 10 個業務工作，陷入瓶頸。我發覺大多公司的經營都不甚穩定，有些甚至需要剛加入的業務投資一大筆錢。我早就走到山窮水盡的地步了，怎麼會有閒錢投資呢？因為覺得「每家公司都是騙人公司」，所以根本待不住，沒幾天就換了一間公司。在四處碰壁的絕望之下，還不敢讓家人知道，因此每天早上八點就出門，傍晚才回家，常常在麥當勞點一杯咖啡、一份薯條，就這麼坐一整天。望著透明櫥窗外匆忙奔走的行人，心裡數度浮現這樣的絕望：「難道我的人生失敗了嗎？」

後來在因緣際會之下，一個當兵時的同梯介紹我一份組織行銷的工作，那是一家賣酵素等健康食品的公司。還記得第一次與公司的幹部會面時，來的是一位風度翩翩、穿著西裝的年輕人。當他有禮貌地遞給我一張寫著「副總黃科鳴」的名片，我有點驚訝，何以如此年輕的他居然已經是組織幹部？接著他開口向我介紹公司及產品，流利的口才與專業的知識簡直讓我嘆為觀止！重點是他只大我一歲，竟然就有現在的成就，這讓我非常地心動。

對我來說，他的確是成功人士的代表。我回家後反覆思索他的分享，覺得他所說的「小成功靠個人，大成功靠團隊」非常有道理。他特別強調：「人一輩子為什麼無法達到自己想要的目標？就是因為單靠個人的力量根本無法達成。有錢人讓『錢』幫他們工作，所以能快速達到財富自由，也就是創造『被動收入』來實現夢想，之後不用再靠自己的勞力，便可以增加收入。這樣的模式，單靠個人的力量無法達成，必須有一個團隊！」

當時沒有口才、沒有背景、沒有人脈的我，只有一顆不服輸的心，於是我決定要建立團隊、打造出一個最有特色的團隊！便毅然決然投入這家組織行銷公司，成為裡面的經營者。

不善言辭的我，一開始真的是大挑戰。第一次，我約了一位高中同學一起來研究這份事業。他聽完我熱情的講解後，覺得這個事業非常棒，卻不願意和我合作。我還記得他用手大力拍桌，告訴我：「沒錯！這是一個值得投資、很棒的事業，但為什麼我要跟你這種沒人脈、沒口才的『阿信』合作！當你這種人的下線，只讓我感到丟臉，不可能會成功的！」說完掉頭就走。

我當場傻在那裡，一句話也說不出來，因為他並沒有說錯，過去的我就是阿信，就是沒有人脈、沒有口才，誰敢相信跟著我就會成功？就這樣，我呆坐在咖啡廳裡，不知過了多久時間。我一直在心中問自己：「為什麼我條件那麼差？為什麼沒人想跟我合作？」為什麼……為什麼……無數個為什麼在腦海裡打轉，我卻一個答案也沒有。

那天下著大雨，我沒穿雨衣就冒著雨騎車回家，因為我想讓雨水沖洗那個被別人討厭的我。邊騎車，我邊大哭大喊：「老天爺你怎麼一直在考驗我！我一定要證明給看不起我的人看！我一定要讓家人過得更好！我一定做得到！我一定做得到！我一定做得到！」喊到聲嘶力竭的我，根本就不在意路上騎士、行人的眼光。

阻礙接踵而來，大部分的約談都碰壁。有一次，一位以前的同學答應要來赴約，讓我喜上眉梢，為此認真地準備好幾天。約會當天，他卻故意不接電話，一直傳簡訊跟我說「快到了、快到了」。我一直等，等了四個多小時，他才打電話說無法前來。掛電話前，他語重心長地對我說：「裕峯你是不會成功的，你不用多想，沒人想跟你這樣的人合作！」當時我已經學會冷靜，我堅定地告訴他：「我一定堅持到成功給你看，謝謝你的激勵，我已經不是以前的林裕峯。」

我利用約不到客戶的時間，拼命充實自己，除了研讀書籍、雜誌學習話術，也四處參加訓練。慢慢地，我抓到了一些訣竅，也認真地傳授給我的夥伴。我一開始的策略是自己拼命研究出方法，然後讓夥伴去開發新客戶，但因為自己沒有先做到，卻要求他人做到，這種「只要求別人不要求自己」的作風引起反感，一些夥伴憤而離開我。直到遇到無比認真的阿偉，看他從自己一個人，努力增加到 50 個夥伴，這種「領導人衝第一」的姿態撼動了我，我怎麼可以輸給他呢！

我用整整一年的時間，打造了「以身作則」的自己。同時也將之前在某位老師課堂上，學到的「五大領導關鍵」，抄下來放進我的隨身筆記本。此後，不管什麼事情，我都是衝第一。

五大領導關鍵

- 身先足以率人
- 律己足以服人
- 傾財足以聚人
- 量寬足以得人
- 得人心者得天下

經歷過說不完的挫折，我鍛鍊出不受「拒絕」動搖的堅強心志，更抓住了「溝通」技巧，體悟到原來溝通絕非單方面訴說，傾聽也非常重要。

有了這樣的經歷與體悟之後，我在短短兩年內，從一個人慢慢發展到十人、百人，甚至五百人的團隊，即便後來老闆要轉投資，決定賣掉這間公司，但我在這段時間所學到技巧、培養出來的能力、累積的人脈，已經與剛退伍的我不可同日而語了。就算戶頭的數字沒有增加，但我一點也不擔心，因為我的實力就是最堅實的資本，這段期間的磨練，成為我未來邁向成功最重要的養分。

舊的公司收掉以後，幾位主管出來開了另一家精油公司，而我也成為他們最堅強的班底。由於經濟上並不寬裕，我無法全力投入組織行銷，因此白天在電子公司上班，晚上和假日則投入業務工作。時間排得滿滿的我，常常都是蠟燭兩頭燒，睡眠不足、疲累過度都是常有的事，但我不願意認輸，無論晴天、雨天，無一日懈怠。

記得那時很多人問我：「裕峯，為什麼你要這麼努力？」我總是與他們分享日本經營之神——松下幸之助曾說過的話：「晚上七點到十點間，你所做的一切，會決定你未來的生活品質。」所以不管我的

精油公司成員大合照

存摺數字如何變化，我總是這樣告訴自己：「八小時以內，我們求生存；八小時以外，我們求發展，贏在別人的休息時間。」我清楚知道，現在所有的一切努力，未來終將加倍奉還。

向世界第一學習

到了第二家公司，雖然還是得從零開始——從小業務員做起，但公司的老闆非常有遠見，常常邀請成功人士來內部演講，進行幹部培訓。有一天，公司邀請一位梁凱恩老師來做銷售演講。他講完以後，所有人都拍手叫好，只有我陷入呆滯狀態，連鼓掌都忘記。沒有拍手，不是他講得不好，而是我從來不知道，為什麼有人口才這麼棒，一開口就展現舞台魅力，那一幕深深烙印在我心中。

梁老師的一生相當不平凡，也極為艱苦。他是因為前女友的一句話激勵了自己，我也是。當時我想，他的故事怎麼跟我有點像，所以我更深信：他可以，我也可以！

他的故事完全激勵了我。即便他高中念了九年，在別人眼中不是個會讀書的學生；不但得過憂鬱症，甚至還自殺過。但透過教育訓練，他改變了自己，以堅強的信念挺了過來，人生 180 度大轉彎，而有了今天的成就。如今，他已成為華人世界成功的教育訓練培訓者，讓他的收入不斷攀升。

課後，我報名了梁老師推薦的一堂國際演講，因為聽說講師是世界第一名的汽車銷售大師——喬．吉拉德。在接受過幾堂公司教育訓練課程的洗禮後，我深信，教練的級數能決定選手的表現，唯有世界第一，才能教出世界第一。向喬．吉拉德老師學習讓我跨出一大步，從此我開始了「向世界第一學習」的旅程。我的人生，持續在見識一位又一位的大師中，拓展廣度，大開眼界。

見到喬．吉拉德之前，聽說他已經 70 多歲了，是個頭髮全白的老翁。沒見過他的我，本以為他會拄著拐杖來上課，但是一見到他的廬山真面目，我才知道他是一個多麼有能量的人。他從後台踩著一條紅地毯，像是跳舞般以輕快、優雅的步伐走上台來，接著開始了激情洋溢的演講。除了演講內容精彩萬分，他的肢體語言更讓人驚豔。他會在演講中，突然跳到桌子上；偶爾也會「咚」一聲就跪倒在地上。有一幕最讓我印象深刻：大會的舞台突然伸出一個五米高的梯子，年過七旬的喬．吉拉德站上梯子，一邊爬著樓梯，一邊語重心長地說：「成功沒有捷徑，必須一步一步地往上爬，但你可以決定往上爬的速度。」

喬．吉拉德接著說：「很多人都可以成為各行業頂尖的人才，但他們為什麼沒有做到呢？因為他們爬到 2/3 的時候，就開始分心了，左看看右看看，焦點不再集中，於是老在一個平面上飄來飄去。而我從賣汽車的那天開始就下定決心，要做汽車銷售界的世界第一名。於是我就像戴上了眼罩一樣，不往左看也不往右看，只往前行，直到成功！」

聽了這番話，台下的我熱血沸騰、躍躍欲試。我也是個「不怕苦、不怕難、就怕不成功」的人，喬．吉拉德給我們「不分心、只往前行」的指導，讓我下定決心告訴自己：「要成功先發瘋，頭腦簡單向前衝。」什麼樣的格局，決定什麼樣的行動；什麼樣的行動，帶來什麼樣的結局。追隨「世界第一」的格局，便會展開最積極努力的行動；而這拼了命的行動，必將帶我前往世界第一的格局。

民國 98 年，我獲得一個機會到新加坡參加另一個大師課程，演講者是世界上最偉大的潛能開發大師——安東尼．羅賓。他也是個讓我感到震撼、能量強大的成功者，我親眼目睹他從早到晚不休息、不吃飯、不喝水，只是為了站在講台上，傾聽、回應學員丟出的問題。他更針對個人狀況給予引導，一心就是要帶領學員朝向自己的夢想前進。這場演講後，我暗自立下一個決定，希望以後自己也有這樣的能力，可以站在台上，把我的影響力帶給大家。

經歷了數位大師的精神洗禮，加上在第一間公司磨練出來的業務能力，以及沒有假日、不計辛勞的拼命戰鬥，讓我從基層業務一路快速攀升，幾年後，成為公司裡的執行董事。

擔任精油公司執行董事

打造門號公司萬人團隊

某次，前往新加坡參加課程期間，我遇到生命中另外一個貴人——鍾總。鍾總是一家門號公司的總經理，在中南部擁有規模頗大的公司，但是台北還沒有分公司。他與我對談後，覺得我很有潛力，希望邀請我擔任台北分公司召集人，一起為事業打拼。我認為他是一個有格局、有企圖心的領導者，因此當場答應他。

萬事起步難，要在毫無客戶的大台北拓展市場，難度真的很高。一開始北部還沒有辦公室，整個北部，員工也只有我一個人。我利用之前建立的人脈，找到一些夥伴展開戰鬥。我們常常只拿著一本說明小冊子，就在台北車站的廣場與陌生人對話，拓展人脈與市場。如果有人願意進一步瞭解，就相約到附近的麥當勞坐下來聊。我最常被問到的一個問題就是：「你們公司在哪？」雖然中南部有公司，但北部尚無辦公室乃不爭的事實。因此我會對他們說：「我正在開拓市場，只要你願意跟我一起努力，很快就可以在北部成立公司。」有六成的人聽到這裡會甩頭離開，但也有願意留下來和我一起打拼的夥伴。就這樣，我們團隊愈來愈大，要成立台北分公司的信念，也愈來愈強。

獲頒獎盃

在成立公司的過程中，培訓幹部是非常重要的一環，但那時候沒有講師，每次要開課，總是由講師名單上唯一的「裕峯老師」上場。我一邊要帶領團隊，還要講課訓練人才，常常忙到凌晨兩、三點，但我甘之如飴。鍾總每個禮拜也會北上來輔導我們，就這樣，一年過去後，北部的公司終於成立。

在門號公司沒日沒夜地奮鬥了一年半，我從自己孤身一人，拓展到領導近六千人的團隊。如果連旁線也算進去，將近萬人。這段時間，無論我的收入、我個人的成就，幾乎可以說是達到空前的高峯。

從無到有的門號公司

當事業蒸蒸日上，家中卻傳來父親再度病倒的消息，而且情況比上次更加危急。我努力在工作縫隙中擠出時間去探望爸爸，看到他帶著氧氣罩，用微弱的聲音，希望我帶他去貓空玩，我卻無能為力。不是我不願意撥出空檔，而是他的身體根本禁不起一次出遊。我一度痛恨自己為什麼還不夠成功，為什麼不能早點讓家人過寬裕的生活！

父親沒有等到身體康復起來，也沒有給我機會帶他去貓空玩。臨終前，他抓著我的手，交代我說：「裕峯，無論如何，你一定要讓媽媽過得更好。你一定要代替我照顧家人，千萬不要像我一樣。」我承諾他，一定會負起照顧家人的責任，因為這件事情，早就是我人生當中最重要的使命。

父親過世後，我把他的照片放在皮夾裡，每當面臨挑戰時就告訴自己，我一定要加速往前、拚出實績，永遠只許成功，因為我是沒有後路的人！

進軍國際團購事業

在門號公司任職期間，我生命中的另一個貴人許政霖老師，持續一年半，不間斷地邀請我加入他的團購事業。他所屬公司的經營目標，是前進國際市場，我覺得這是無比難得的機會，但心中仍有不敢向前跨一步的膽怯。然而進軍國際市場一直是我的夢想，考慮了一年多，我決定加入。

沒想到才加入第二天，門號公司的老闆打電話給我，要我在通訊業、團購業兩者之中作出選擇。也就是說，如果我堅決加入這個新的產業，就必須退出門號公司，一切收入歸零，因為新的公司是完全沒有底薪的。這通電話讓我陷入天人交戰，想到家裡每個月的固定開銷，想到事業要重新開始，老實說，心中難免驚慌。

最後，我作出決斷，揮別門號公司，一切從零開始奮鬥。因為我堅信新事業的未來性，也相信自己的眼光沒錯，況且，能夠進軍國際市場，才是我真正想做的事業。就在我孑然一身地投入團購公司，恰巧一年一度的「台

生命中最重要的兩位女性：母親與妻子

灣業績大 PK 賽」只剩下一個月就要結算成績。一般的新人都會選擇直接放棄、下一次再挑戰。但此時的我毫無退路，為了經濟我必須要放手一搏，加上我早已養成「凡事先挑戰再說」的習慣，於是暗下決心，即使只有一個月，我也要做出成績來！

秉持著「量大為致勝關鍵」的原則，我放大行動量，在這一個月共約了一百多人來視聽，幾乎每天都帶了好幾個朋友。我的電話從早到晚響不停，當然也有朋友打來只是為了推辭我的邀約。馬不停蹄的我，被拒絕也沒有時間沮喪，因為我的行程滿到睡覺都快沒時間，連睡著了都夢到：「啊！只剩下幾天就要結算了，距離我的目標還剩下多少人！」

感謝之前建立的豐富業務經驗與溝通技巧，幾乎沒有休息、拼命三郎的我，最後達到極高的成交率，從台灣共三十幾萬的會員裡，脫穎而出獲得前三名，讓周圍的人十分驚訝。我，一個新人，獲得了前往日本總公司接受頒獎的殊榮！

一個勝利的開端，給了我極高的自信心，於是，面臨接下來好幾次的比賽，我始終抱持「身先足以率人」的態度，衝鋒陷陣第一線，鼓舞我的團隊成員個個都要無畏地追求勝利。由於自己總是率先行動，因此在台灣業績大 PK 賽中，好幾次都保持前三名之列。

至日本領獎

能有這樣的成就，絕非一蹴可幾，除了引導我的貴人、整個團隊相互扶持的夥伴外，我更要感謝提供給我源源不絕能量的老師們。自從報名了喬・吉拉德的業務課程開始，我從未間斷地飛往世界各地「取經」，投資超過兩百萬向世界級大師學習。對我而言，親近成功人士，有時甚至只是親眼目睹其處世風範、演講英姿，也能燃起自己不斷想要往前進的決心。

擔任業務除了加強我應對進退的能力，也讓我發掘自己在教育訓練方面的潛能。我漸漸發現，原來，培訓人才就是我的使命。這一番自我覺醒，才有了「超越顛峯教育訓練團隊」的崛起。

過去的裕峯老師居然是個害羞內向、不善言辭的人，讓我難以置信！如今，他舉手投足散發出無比的魅力，聽他的演講就像看一場表演般地令人享受！尤其他以身作則地實踐課堂上所教授的內容，不可思議的熱情和行動力，讓我佩服不已。

網路行銷戰略專家 Terry Fu

unit 02 超越巔峯的崛起

我原是個不善言語交際的人，透過激烈地改變自己，在社會上闖出一片天。因此我相信，每個人都能夠透過一套訓練，打造一個嶄新、潛力無窮的自己。

在這個微薪時代，要擺脫「貧性循環」，具備強大的競爭力，單靠自己一個人的力量，速度太慢；但集結團隊之力，可以發揮相乘的效果。抱持著「團隊合作、創造財富」的宗旨，我從民國 93 年開始籌備「超越巔峯」企管顧問公司，希望透過教育訓練課程，幫助更多的人走向成功之路。

我沒有顯赫的學歷，又沒有好的家庭背景，自小家裡經濟拮据，甚至被政府列為貧戶，每逢過年過節都要靠著領米和救濟金才能勉強度日。而父母為了生活費跟親戚借錢，卻被親戚冷眼趕出門外，不是一個慘字可以形容！

也因此，我的父親對我說，像我這種沒有好條件的人，如果要翻身，一定要簽下志願役軍人，到軍中才能闖出一片天。但我告訴爸爸，即便我沒有學歷、沒有背景、沒有好口才，現在看來也沒有好機會，但我有一顆不服輸的心，我要在業務方面開創出自己的路！然而當時的父親正在病中，要我從軍的心志異常堅決，我若不能拿出點什麼證明自己，就只能去從軍了！

於是，我開始籌備「超越巔峯」，以加速追求夢想的步伐。集眾人之力成立一間公司的想法，早在我腦中不知轉了多少遍，感謝父親的激勵，讓我終於決定開始動作。一開始，我們思考著公司要叫什麼名字，夥伴們紛紛提出意見，卻一直沒有共識。這時，我想起了一部讓我印象深刻的電影。

讓自己飛起來吧！

電影描述的是一隻老鷹從雞籠中掙脫，重返天際的故事。

一個老先生與他的孫女，在郊外農場看到一隻「怪雞」，這隻「怪雞」的外表長得一點都不像雞，但行走和鼓動翅膀的樣子卻和雞群一模一樣。原來，牠是一隻從小被養在雞籠裡的老鷹。

「怪雞」不知道自己是一隻老鷹，是空中的霸王。農場主人也覺得這隻「怪雞」除了外表外，與雞籠裡的雞沒有兩樣。然而老先生看著這一幕，感慨地想起自己的棒球生涯。

老先生從小就參加球隊，卻屢遭挫折，自暴自棄地認為自己沒有天分、只是個庸才。但父親持續鼓勵他，讓他看到自己的潛力。由於相信自己，加上沒日沒夜地練習，最終成為眾所矚目的職業棒球明星。他嘆了一口氣說：「若非父親在旁不停鼓勵，如今自己不過就像這隻隱藏在雞群中的老鷹，埋沒了天分。」

於是，他向農場主人買下這隻「怪雞」，希望可以幫助老鷹回到天空，讓牠做回自己原本的角色——遨翔空中的老鷹，不要再受困於牢籠。

老人的孫女抱著鷹，來到一片草原，但無論如何鼓勵老鷹飛翔，牠都無動於衷。於是祖孫倆將老鷹帶到半山腰，期盼牠感受到山間氣息，想起自己原先具有的潛力，但牠還是不為所動。這時，小孫女說：「爺爺，或許牠已經忘了自己是一隻老鷹。」

但老先生不放棄，帶著鷹登上更高的山峯。山風呼嘯吹過，老鷹像是想起了天性一般，高昂鷹首、挺起胸膛、張開翅膀，羽毛在風的鼓動中豎了起來，老人再次對鷹說：「你是鷹，不是雞！」同時在牠眼前不斷誇張地揮動手臂、手指向天空，「飛吧！飛吧！看看遨翔在天際的那些同伴！」

老鷹左顧右盼，又振翅了好幾次，終於展翅衝向天際。

孫女不可置信地問：「爺爺，你是怎麼使鷹飛起來的？」

老先生只回答：「不是我使牠飛起來的，讓牠飛起來的，是牠自己！」

這部電影的片名是《超越巔峯》（*Soaring to Nu Heights*），內容極度震撼了我，讓我非常感動，體悟到「成功操之在己」。我想，我們永遠要相信自己是一隻老鷹，就如同影片裡所說的：「人生不會永遠處在下坡，重要的是不斷向上努力，因為每一分的努力，都會拉近我們與目標之間的距離，如果我們不斷地向上攀登，終將實現自己的人生目標。」

事實上，每個人都是老鷹，只是我們一直沒有認清自己屬於天空。在這部影片的激勵下，我發誓一定要讓自己脫胎換骨。我告訴自己，我是老鷹，我注定要高飛。所以，我將預備成立的公司，取名為

「超越巔峯」。

突破艱難，創造格局

事情並非想像般順利，「超越巔峯」籌備初期異常艱辛，受到許多人的勸阻，長輩們甚至說我好高騖遠、不切實際。面對不支持的聲浪，心中難免動搖，我只能裝作沒聽到，毫無退路地繼續堅持下去。

我們在路上發傳單，邀請路人參加免費演講，很多人拿了之後就丟到垃圾桶，一天下來換了上百次的拒絕。記得第一場演講只來了 15 個人，其中還有 10 個是工作人員，不過演講結束後，5 個人當中有 3 位願意相信我們，留下來與我們一起討論夢想與未來合作的可能性。

草創初期，沒有經驗、沒有場地，都是靠一個個出現的貴人相助。不懂如何舉辦活動的我們，只能到處向有經驗的朋友請教；音控、主持沒有人會，大家就從頭開始摸索；為了充實自己，我們到處參加課程講座；每個人的家裡也收藏一大疊雜誌，吸收業界最新資訊。

每當在問卷中看到有人給我們一點正面的回饋，大家往往聚在一起高興半天。所有的努力，就是為了讓自己熬出頭。就這樣，講座人數從 5 人、10 人、20 人、50 人，到現在每場都是破百人參加。

當時徹夜開會是常態，幾乎天天都討論到凌晨才散會。而很多夥伴七點還要起床上班，說他們傾「肝」相助一點也不誇張。記得有一次，當我們結束會議，看時鐘已經是凌晨兩點。但大家因為剛剛談到的未來目標，一整個熱血沸騰，捨不得離去，所以我提議到豆漿店邊吃宵夜邊談。但吃完消夜後，我們又欲罷不能地拉到公園繼續討論，直到清晨五、六點才回家。即使每個人被蚊子叮得滿身包，但想到未來的目標與願景，還是很熱情、很興奮。

這種「晚上睡眠不足，白天還要應付基本收入努力工作」蠟燭兩頭燒的日子，持續了一年。在這過程當中，很多夥伴因為懷疑而離開團隊，甚至在背後嘲笑我們，覺得我們團隊真的可以撐下去嗎？真的能開公司幫助更多人嗎？但我沒有懷疑，而這些阻礙也讓我們更有動力往前衝。感恩草創以來一直不離不棄的十大元帥，在大家的堅持與同心協力下，我們一起創造「超越巔峯」的體驗。

慢慢地，我們漸上軌道，也協助各大公司行號、組織行銷團隊、企業舉辦內訓，如：Nuskin、克麗緹娜、綠加利、全台最大的汽車零件業龍頭「大葉集團」。並與 APP 擁有將近 40 萬名用戶的「亞洲業務幫」、亞洲行銷戰略權威「Max」、網路行銷企業家「林星丞」老師、網路行銷高手「Terry 傅靖晏」、富裕自由教育長「路克」、博客來暢銷書第一名作家「周怡潔」等人合辦活動。此外，也進入「永和健

No.1 領袖團隊

言社」指導如何成為溝通高手，投入遠雄人壽、中國人壽、富邦人壽、大誠保經、房仲業等單位舉辦早課，分享行銷祕訣。如今，超越巔峯的學員已突破萬人，成功舉辦了數千場演講。

2013 紫南宮祈福

超越巔峯，六大展望

人因夢想偉大，超越巔峯不因現在的成果而滿足，未來，更以六大展望激勵自己，期盼能回饋社會，給更多人進一步的幫助。

1. 培訓一百名國際講師

超越巔峯的目標是邁向國際市場，因此我們積極培訓能侃侃而談的教育訓練大將，希望將台灣的人才送到國際，在香港、新加坡、馬來西亞等華人聚集之處舉辦演講，甚至組織「超越巔峯海外分會」。我們希望台灣的人才散播海外各地，讓亞洲的華人都可以看見台灣。

2. 幫團隊所有成員出書

「書」代表公司的招牌、個人的名片，擁有公司或個人專屬的書，必能發揮更大的影響力。第一階段，我們要為超越巔峯的核心成員，共同出版一本書，記錄個人的成長故事、翻身歷程。繼而在未來，每個超越巔峯所培育的講師們，都要擁有屬於自己的一本書。

2014 世界華人八大明師大會

3. 走進電影院

電影，是感動人最迅速的媒介。未來，我們將拍一部以「業務人員與組織行銷人員」為主題的電影，在影片中描述他們的奮鬥史。期待透過這部電影讓台灣、甚至所有亞洲華人知道，一個人就算沒有背景、沒有人脈、沒有口才、沒有資金，一樣可以透過業務或組織行銷的打拼來圓夢。最重要的，我們希望藉由這部影片的普及，提高業務人員與組織行銷人員在社會上的地位，讓這份職業的從業人員，更受到他人與社會的尊重。

4. 成立超越巔峯領袖山莊

公司草創至今，深知沒有地方辦活動，或活動場地設備不全的苦惱。因此，未來我們要購買一塊自己的土地，在上面建立一座學員專用的山莊。山莊內有設備齊全的會議廳，提供學員舒適的學習空間，也有住宿房間以方便同時舉辦兩天以上的活動。此外，也設置咖啡廳與運動中心，作為學員放鬆、交流的場所。期待透過此領袖山莊，讓學員自我充實，並結識更多頂尖人才。

5. 成立教育基金會

一個人的競爭力，會決定他未來人生的命運，但並非每個人都平等擁有競爭的機會。我自己出身貧窮家庭，深感資源不足的痛苦。因此，待公司資金充足，我們將設立一個支持弱勢的教育基金會，讓沒有資金學習的人，透過這個基金會而獲得學習的機會。期望藉由我們提供經費與資源，讓他們來進修，擁有競爭力，進而提升台灣的整體競爭力。

6. 在上海舉辦十萬人演講

我的恩師梁凱恩老師，曾經在上海舉辦五萬人演講，這場演講感動了我。因此，未來我們將在亞洲舉辦一個「十萬人演講」，期望藉此感動更多人，讓更多亞洲華人認識台灣，也讓

超越顛峯教育訓練團隊

更多人知道超越巔峯這樣的公司與團隊。

我深信「只要願意學習，就有機會擁有不平凡的人生。」如果像我們這樣的平凡人都可以辦成這麼大的活動，你當然也可以。因此，成功舉辦十萬人演講，就是我們的夢想。

超越巔峯的使命，是幫助全世界熱愛學習朋友，擁有全方位的競爭力，改變過去，創造未來，邁向超越巔峯的人生。期盼每個人都能從「超越巔峯企管顧問公司」的課程中，激發自己無限的潛能，超越自己的極限，從而邁向人生的巔峯！這是我自己和公司的期許，也是一輩子不變的人生志業！

《啟動夢想吸引力》作者王莉莉：「超越巔峯的成立，是一段相當勵志的英雄旅程，如果你是個想要突破自我、克服所有阻礙——包含銷售困境的人，這本書會讓你知道其實你並不孤單，而且你也能超越自己的巔峯。」

《啟動夢想吸引力》
創見文化出版

unit 03 誰才是一流銷售員？

梵谷（1853 ～ 1890）、畢卡索（1881 ～ 1973）——世界上兩大著名畫家，他們的才華不相上下，前者的畫一直等到他死了，才開始變得有價值；而畢卡索則是活著的時候，他的作品已經讓他名利雙收。他們的差別到底在哪裡？

梵谷生前一直沒沒無名，他不會推銷。除了不知道怎麼去「塑造」自己作品的價值，連在愛情方面，他也相當戇直。據說他曾愛上一個女性，卻被對方狠狠拒絕，為了表示他的愛，最後梵谷竟然把自己的耳朵割下來，寄給那位女性。今天如果你收到一盒禮物，打開裡面竟是一隻血淋淋的耳朵，試問有人會覺得那是「愛」的表示嗎？傳聞看到這份「愛的禮物」後，那位女士當場暈倒，從此再也不見梵谷。鬱鬱不得志的梵谷，又遭逢愛情的碰壁，最後得了憂鬱症，舉槍自盡，結束不得志的一生。

畢卡索則是一個銷售的天才。每當有新的作品出爐，他就在宮廷裡辦一個高級宴會，邀請名流望族來參加。他預備了一個有前後門的小房間，裡面擺設最近的作品，一幅一幅的畫作都用布蓋起來。為了製造神祕感，他一次只接待一位看畫的買家。買家從前門進去，畢卡索陪同他將一幅一幅畫作前面的布幔掀開，若買家有意願購買，他便說：「你要以多少錢買這幅畫，寫一張紙條給我，我會賣給出價最高的人。」說完便請他從後門離開，他再到前門接待下一位觀賞者。

由於買家不知道他的競爭對手會出多少錢，往往一開始就開出不低的價格。加上畢卡索先將有能力購畫者聚集在一起，再營造這個有神祕感的小房間，可說是先「提高銷售可能性」，再轉攻「心理戰術」，這可是極高的銷售策略。無怪乎每當畢卡索一有新作品，都能創下天價交易！這就是畢卡索的人生！

成功的人都懂銷售

天哪！會銷售與不會銷售有天壤之別！會銷售能讓人改變命運、扭轉人生！不管從事什麼行業，不管你現在做什麼樣的工作，你一定要學會的就是銷售。不只業務人員需要懂得銷售產品，我認為每個成功的人都是業務，每個人都需要學好銷售。

這樣的說詞可能顛覆了你的想法，因為你會說：「又不是每個人都喜歡銷售！」

事實上，成功的企業家、政治家都是最強的銷售達人，例如比爾．蓋茲和賈伯斯，他們的公司除了推出好產品，更強的是後端銷售力；英國前首相邱吉爾，總是利用每一場演講銷售他的魅力，讓人民信服隨從。試想，如果上班族不懂得銷售自己的創意，如何獲得老闆的肯定？如果醫生不懂得銷售自己的專業，怎麼會獲得病人的信任？如果老師不懂得銷售自己的知識，學生會追隨他嗎？甚至一位家庭主婦也需要銷售自我，她必須瞭解家庭需求、丈夫需求、孩子需求，然後將自己最好的一面帶給整個家庭。

根據我的觀察，許多人對於業務／銷售工作懷有誤解，例如認為：

- 推銷是看人臉色且不穩定的工作
- 找不到工作的人才會從事業務相關工作
- 人際關係不好的人不可能成為業務高手
- 業績愈好的人，人際關係愈不好
- 業績好的人其實並不快樂
- 從事業務工作會失去自由
- 為了把銷售做好，就必須犧牲生活品質
- 業績的好壞跟運氣有很大的關係
- 業績太好會導致壓力和健康的問題
- 要把業績做好，必須犧牲客戶的權益
- 只有會說話、口才好的人才能把銷售做好
- 銷售是一種天分，超級業務員只是極少數
- 我太年輕／太老了，不可能成為業務高手

上述 13 項內容，在我來說是誤解，但說不定是你一直以來深信不疑的觀念。

其實這些敘述，並沒有絕對的「對」或「錯」，你認為有道理，一切都有道理；但你若想推翻，一切都可以推翻。但我必須告訴你：認同了愈多項，你的人生就愈被侷限。

如果你有「非成為一個超級業務不可」的決心，請將上述全部推翻。因為一個厲害的業務員，最終不需要看人臉色，且是個絕對穩定

的工作。他可以業績好、朋友多、身體健康、心情愉悅。他是為了服務而銷售，所以不可能犧牲客戶權益；他具備堅強的專業實力與誠懇態度，不是只有好口才；他不受限於年紀、天分或運氣，只要有心、願意接受磨練，那麼絕對可以成為業務高手。

總之，想成為一流銷售員，不是看你現今具備什麼條件，而是看你對於「想要」的心有多強盛。這股「想要」的心，就是最大的「潛力」。

思考你所在的象限

你「想要」什麼？

你對於「時間自由」、「財富自由」有多少渴望？

不想領死薪水？不想被固定打卡上下班綁住？

想自己決定工作時間？

只要不是在一個階級嚴明或極權專制的國家，每個人都有絕對的自由去選擇創造財富的方法。一般來說，可依照財富的取得，將人分為四種類型：

1. 雇員（Employee）

指受僱於公司的職員。順利的話朝九晚五，可以準時上下班；若工作為責任制，則是暗無天日的加班，凌晨才坐小黃（taxi）回家。一般而言，被打卡時間制約，一年的休假也非常有限。身為雇員，命運掌握在老闆的手裡，隨時可能被解聘，因此要不斷琢磨自己的實力，才有升遷與加薪機會。到了一定的年紀才能退休，屆時可能已經失去了四下遊玩的體力與健康。

2. 自由工作業者（SoHo）

不願意被打卡鐘制約的人，可能會選擇自由自在地在家工作，也就是成為「SoHo 族」。一開始還沒有名氣和人脈，可能接不到案子，經濟頗令人憂慮；等到經驗與實力累積到一定程度，則是為了溫飽必須拼命接案。常常被客戶的時限追著跑，命運掌握在客戶手裡。基本上沒有假日、沒有退休，趕稿的高峯期也沒有生活品質可言。

3. 系統建立者（Builder）

有野心、有能力、選擇創業開公司的人，只要成功了，就是所謂的「系統建立者」。這類人靠著一定量的資金，再出腦袋建立一套系統，就能讓大家為他工作。連鎖企業、大公司以至中小企業，只要能一年以上不進公司，卻還可以不斷累積財富，就是這個象限的人。

4. 讓錢替你工作的投資家（Investor）

充滿冒險精神、願意投資者，又具備充分的見識與眼光，則可以成為「投資家」。投資股票的人可能一天要花 14 個小時研究報表；投資企業的人可能要密切觀察公司的財務狀況；而投資自己的業務，必須不斷提升自己的專業能力，更重要的，是將自己轉換成一個愈來愈受歡迎的人。這個象限的人，雖然有風險，但投資報酬率極高，也不會被工作綁住，能自由自在地運用時間。

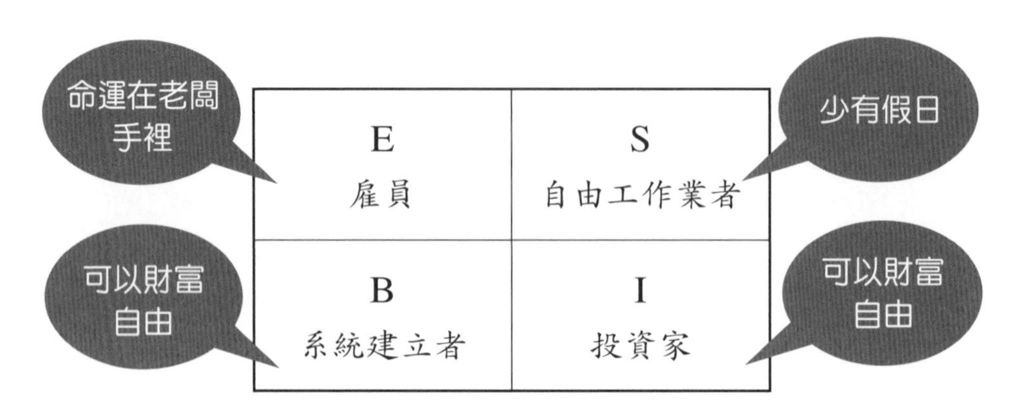

你注意到了嗎？只有 B 象限與 I 象限的人，才能真正達到財務自由；E 象限與 S 象限這兩個賺勞力財的人，要到一定的歲數才得以真正退休、不再工作。一般業務——也就是終日汲汲營營於業績的人，幾乎與 S 象限的人狀況相同。然而願意投資自己、經營組織、打造系統的業務，則位於 B 與 I 象限。這世上，不是錢在替你工作，就是你在替錢工作。你呢？從今天開始，你可以決定你要為誰工作。

對於業務，某些人會有負面的刻板印象；也有人覺得自己個性不適合成為業務，但如果你決定要成為業務，就不要被這些阻礙束縛。我認為沒有什麼既定觀念不能被打破，關鍵在於你想不想打破。我常到各企業上課，課後總有看來靦覥、不善言語的學員怯生生地問：「我真的適合擔任業務嗎？」「我這樣個性的人也可以嗎？」我永遠都是這樣回答：「如果你想要，那你就可以辦到！」這話不是信口開河，我自己就是經歷了一段超越自我的過程，如果連我都可以辦到，我相信你一定可以。

本單元開始，請逐次填寫「15 分鐘成交 note」。那麼，本書在讀完後，將成為你個人的「成交夢想實現書」。現在就拿出筆來試試吧！

15分鐘成交note

你是一流的銷售／業務員？如果沒有你要的答案，可以不勾選。

	4分	3分	2分	1分
從事業務工作的時間	□ 5 年以上	□超過 1 年	□ 1 年以內	□ 3 個月以下
每日拜訪顧客數	□ 12 訪	□ 8 ～ 11 訪	□ 4 ～ 7 訪	□ 1 ～ 3 訪
對於時間運用與管理	□能精確掌控一分一秒	□稍微被提醒，立刻就奮起	□需要他人催促才能完成事情	□即使被催促也拖拖拉拉
遇到挫折時	□屢敗屢戰且毫不猶豫！	□想一下～便能立馬奮起	□需要一點時間振作	□習慣先放棄
周遭的人有困難時	□不管是誰，立即前往鼓勵對方	□若是好友才會立即行動	□忙完自己的事情再說	□看心情
與人溝通方面	□擅長傾聽，聽完才提出自己的看法	□迫不及待說出自己的看法	□如果事不關己，便會失去耐性	□不擅長理解對方、也不擅長說出自己的想法
對於薪水的執著	□我一定要年薪百萬！	□我希望年薪百萬！	□如果可以的話我想要年薪百萬	□有點難，但可以年薪百萬也不錯
對於休假的看法	□尚未成功前我絕不休假	□休假也是可以接生意	□我會在休假以外的時間賣命工作	□至少要有週休二日

對於銷售的看法	□任何行業都需要銷售	□大多數行業需要銷售	□銷售必須到處求人	□我很不喜歡銷售
對於業務工作的看法	□業務是一種藝術	□業務可以賺大錢	□當業務可能影響我的人際關係	□我是不得已才從事業務工作

你的分數是：＿＿＿＿＿＿＿＿分。

裕峯老師's *show time*

獲得 31 ～ 40 分者，恭喜！你是個絕對會成功的銷售／業務員。21 ～ 30 分：持續自我磨練，有朝一日一定會成為超優業務員！ 11 ～ 20 分：即使不從事業務工作，仍是一個溫暖、與人溝通良好之人。10 分以下：要成為業務員可能有點辛苦，但只要調整心態、用心整裝，仍然可用嶄新姿態出發。

百分百成交 必勝心法

人的心志無比堅強，
信念，是決定命運的終極力量。
找出恐懼與限制，
逼自己在眾人面前摧毀它，
然後，重新打造一個
讓自己滿意無比的自己！

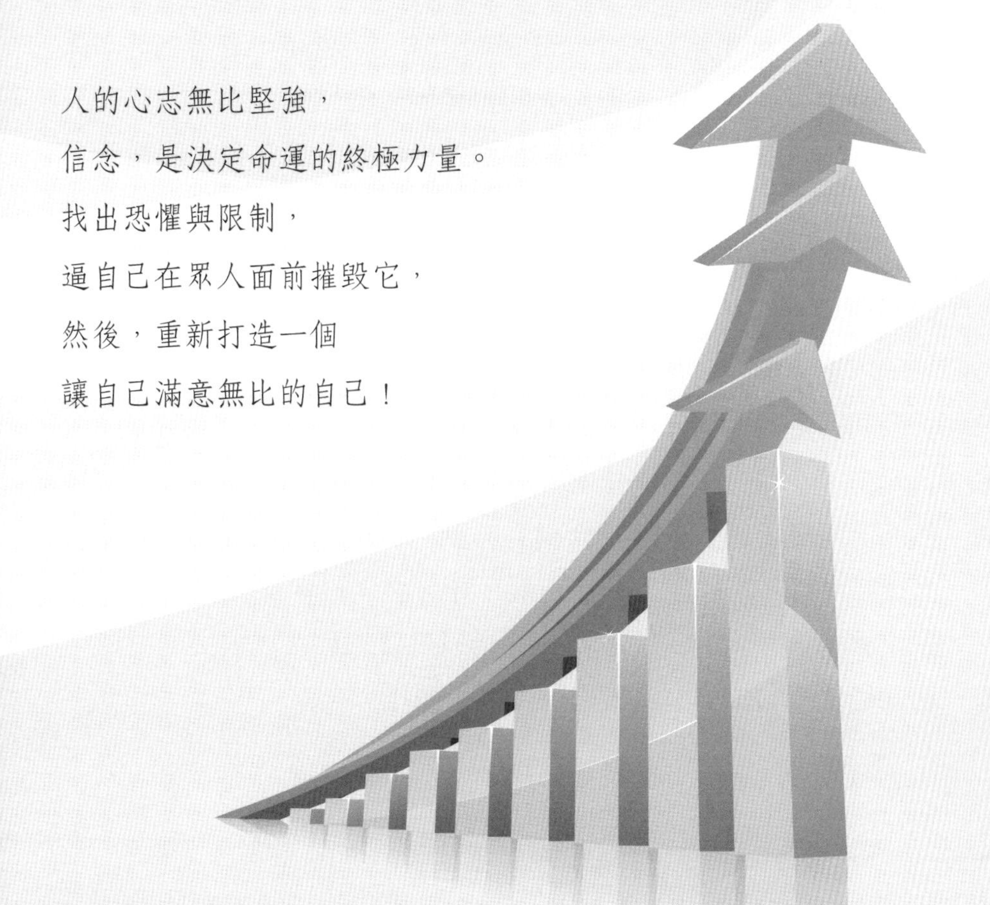

unit 01 信念的終極力量

亞洲前首富孫正義在 19 歲那年，規劃了自己人生的藍圖：「30 歲以前，要成就自己的事業！ 40 歲以前，要擁有至少一千億日元的資產！ 50 歲之前，要做出一番驚天動地的偉業！ 60 歲之前，事業成功！ 70 歲之前，把事業交給下一任接班人！」這就是十分著名的「孫正義人生五十年計畫」。立下宏大的目標後，他比別人更努力學習，更廢寢忘食地致力於專利發明，甚至強迫自己每天都要有一個關於企業的新想法。

1981 年，也就是孫正義 24 歲那年，創立了日本軟體銀行，當時員工只有兩人：一名雇員、一名臨時工讀生。開業那天，他搬了一個裝蘋果的木箱到辦公室裡，站了上去，在兩名職員面前展開激昂的演講：「公司的營業額 5 年內要達到 100 億（日元），10 年要達到 500 億（日元）。」在台下的兩位聽眾神情漠然，卻礙於員工身分默默聽講。然而老闆孫正義天天都這樣精神喊話，最後兩人都受不了而離職了。而持續夢想、不停奮鬥的孫正義，如今名列日本富豪榜前三名。

孫正義曾這麼說道：「起初一開始只是夢想和毫無根據的自信，但一切就從那裡開始。」這就是信念的力量！

一樣的能力、不同的信念

你駕馭信念的能力，將決定你會以何種速度，達成你人生的目標。流行多年的一本書《祕密》，當中強調吸引力法則背後的「強大力量」，就是來自一個人的「信念」。信念創造行動，行動導致結果，結果決定你的成就。所以，一個業務員的潛能是否發揮，與他的信念有很大的關係。

兩個剛畢業的年輕人峻喬和可馨，資質一樣，能力一樣，背景一樣，口才也一樣，也就是兩個人的條件、能力幾乎相同。當他們同時到一家公司去從事銷售工作，這兩個能力均等——同樣剛出社會、沒有工作經驗、誰也不比誰強的年輕人，在兩年後，成就會一模一樣嗎？其實，他們的成就，決定於對這份工作所抱持的信念。

峻喬認為：「我剛畢業，沒有任何的社會歷練和工作經驗，最重要的是沒有人脈，這樣不懂銷售、沒有背景的自己來從事銷售工作，真的適合嗎？」

因為對自己抱持懷疑的信念，潛能便無法被激發出來。這顆被深植在內心的懷疑種子，從峻喬第一次拜訪客戶被拒絕時，便開始發芽。「哎！這個工作，我果然做不好！」每被拒絕一次，他的思想與行為都就愈發負面與消極，而心態與行為也造就他的慘淡業績。

就這樣，信念阻礙他的潛能，影響他的行為，行為導致結果，而不好的結果又再次強化他的負面信念，就這樣周而復始不斷惡性循環。三個月後，本來就已經很少的自信心完全消失殆盡，最後他只得宣告失敗。彷彿理所當然地告訴自己：「我果然不適合當業務員，不是從事銷售的料。」

最後，他不但遞出辭職單，不幹了，還下了一個永久性限制自己的信念：「我再也不當業務員了。」

可馨所抱持的信念，與峻喬恰恰相反。她想：「我雖然剛畢業，沒有社會經驗，朋友圈也十分有限，不過就算不懂銷售，相信天下無難事，只要我比別人加倍努力，總有一天，一定能迎頭趕上，在業界闖出自己的成就。」

當這樣的信念深植在她內心，發揮出的潛能自然是峻喬的千萬倍。即使遇到了挫折，承受挫折的能力也超乎自己的想像。重要的是，她所表現出來的積極行為與心態，最終會反映在業績上。

持續成長的業積數字讓可馨告訴自己：「果然沒錯，只要努力，一定能夠得到回報，我只要這樣繼續下去就對了！」於是，她的正面信念愈來愈強，潛能發揮得愈來愈好，行為愈來愈積極，業績也不可思議地飆升。如此周而復始，形成一種向上的、良性的循環。

從峻喬和可馨的例子來看，雖是一樣的資質、一樣的條件、一樣的背景、一樣的能力。在同樣的起跑點上，沒有誰比誰好，卻因為對工作信念的不同，造成峻喬每天往下沉淪一點，可馨每天向上提升一點。如果一天差別一點，一個月就差 30 點，一年差 365 點，三年就差了 1000 點。三年之後，峻喬仍然在那裡消沉，甚至不知道自己應該做什麼行業，常常換工作；而可馨已經在這個行業當中打下了三年非常好的基礎。

斧頭也可以推銷給總統

一位美國推銷員喬治．赫伯特曾成功將一把斧頭推銷當時的美國總統，布魯金斯學會因而頒給他一隻刻有「最偉大推銷員」的金靴子。上一次頒贈金靴子，遠在 26 年前，那是當一位學員成功將微型錄音機推銷給尼克森總統的時候。

布魯金斯學會是一個培養超級推銷員的組織，曾造就出百餘位百萬富翁。為了激勵學員，他們不斷在挑戰推銷的極限。1993 年起，該學會向學員出了一道難題：「請將一條三角褲推銷給現任總統」。8 年過去了，每一位推銷員都無功而返。後來學會將難題改為：「請將一把斧頭推銷給總統」。

喬治．赫伯特是當期學員，他決心一定要完成這個目標。透過資訊蒐集，他得知總統在德克薩斯州有一座農場，他私下造訪後發現農場上有許多枯樹，於是寫了這麼一封信給總統：「有幸造訪您的農場，發現許多枯樹，我想您一定需要一把新的斧頭。我手邊剛好有一把大小適中、適合您體型使用的斧頭，如果您有興趣，我可以賣您 15 美元。」後來他就收到了總統辦公室匯來的 15 美元。這筆生意的成交價雖然僅僅 15 美元，難得的是他向「什麼都不缺」的總統成功推銷了一項產品。

布魯金斯學會在頒獎時如此表揚：「我們一直想尋找這麼一個人——這個人從不因有人說某一目標不能實現而放棄，從不因某種事情難以辦到而失去自信。」

許多事情不是難以做到，而是因為我們先失去了自信，這些事情才變得難以做到。信念決定一切，身為銷售員，必須確信「沒有賣不出的產品，只有賣不出產品的人」，愈是理直氣壯，愈能把銷售的成績做好。

什麼樣的狀況可以讓你理直氣壯？那就是：「相信你的產品」！相信你所賣的產品百分之百可以幫助到別人，倘若你堅信不疑，相信你的產品能夠幫助別人，那就不只是賣產品了，你賣的是一份愛。當你出售的產品是愛，你還害怕別人拒絕你嗎？還怕別人誤會你嗎？還害怕別人用異樣的眼神看你嗎？為了愛而成交，你才會擁有無所畏懼的信念。

大聲朗誦你的信念

據說，平均 100 個貝殼裡，有 3 個裡面藏有珍珠。

因此，當你在海邊漫步，沿途拾起貝殼，大部分都是裡面沒有珍珠的貝殼。你連續拾起 10 個沒有珍珠的貝殼，這很正常；連續找了 50 個貝殼，也可能都沒有珍珠；甚至，你連續找了 80 個貝殼，打開裡面依舊一顆珍珠也無。這時，絕大多數人會選擇放棄。選擇放棄的人，倒不如一開始就不要找。

但如果你堅信每 100 個貝殼裡，3 個藏有珍珠，你就不會在拾起 80 個沒有珍珠的貝殼時放棄，而是會堅持去找出 100 個貝殼。都已經耗費找 80 個貝殼的時間了，為何不多找 20 個呢？

堅持下去，就一定會找到。這就是「珍珠理論」。然而，珍珠理論並非永遠都能生效！只有在你擁有非常堅定的信念，這個理論才運作得起來。終歸一句：請相信自己、相信自己具有正面能量！

我所欽佩的王鴻銘老師曾給我能增加正面能量的幾段話，我每天都會念三遍，著實讓我受用無窮，在此與我敬愛的讀者分享：

我就是所有的起源

如果我一定要過怎樣的人生，
我就是所有的起源。
我的理解度、我的認真度、我的行動力，
我現在想要介紹、想要邀請的人，
全都是藉由我來觀察、思考、行動。
我就是代表一切！只要我意志堅定，
環繞著我的夥伴也會意志堅定。
我就是代表一切！只要我認真行動，
環繞著我的夥伴也會認真行動。
我就是代表一切！只要我心存感恩，
環繞著我的夥伴也會心存感恩。
我要親做表率！
我要為我的人生負百分之百的責任～ YES ！

15分鐘成交note

大膽定下 10 年後的遠程目標，倒推你 5～9 年後中程目標，以及明年起要完成的近程目標。

★ 10 年後，我要成為：________________

（例：10 年後，我要成為每月業績 500 萬的超級業務！）

倒推	時間（例：2024 年）	目標
10 年	年	
9 年	年	
8 年	年	
7 年	年	
6 年	年	

5 年	年	
4 年	年	
3 年	年	
2 年	年	
1 年	年	

裕峯老師's show time

銷售人員經常要問自己三個問題：「我憑什麼值得別人幫助？」「顧客為什麼要幫我轉介紹？」「顧客為什麼向我買單？」

控制你的信念！成功者，做別人不願意做的事；成功者，做別人不敢做的事；成功者，做別人做不到的事！

unit 02 找出你的限制性信念

我相信每個業務員心裡，都清楚瞭解信念的重要，而且應該也花不少錢去上了許多昂貴的潛能激發課程，然後每天在心裡對自己喊話。只不過，又有多少人在上完這些昂貴的課程，在走出教室大門的那一刻，真正地改變自己？

以我多年的經驗看來，殘酷的事實是：真正願意改變自己的人少之又少，如同鳳毛麟角。為什麼？因為他們放任七隻「魔鬼」住在心裡，而這七隻魔鬼，正是造成他們始終窮忙，口袋永遠困窘的「罪魁禍首」。這七隻魔鬼就是：

- 習慣性愛拖延，阻礙你改變的「拖延鬼」。
- 不敢面對客戶，討厭被拒絕的「怕被拒絕鬼」。
- 喜歡給自己的行為找理由的「藉口鬼」。
- 遇到困難時，不敢面對現實的「逃避鬼」。
- 凡事只有三分鐘熱度的「容易放棄鬼」。
- 凡事都往壞處想的「負面思考鬼」。
- 容易不耐煩的「沒有耐性鬼」。

只要你心裡住了其中一隻魔鬼，那麼這隻魔鬼就會干擾你的信念，阻礙你成功。也就是說，如果你想要成功，就必須要把它們從你心裡「驅逐出境」。

但是，要怎麼驅逐它們？難道只要去上上潛能開發課程，每天對著鏡子喊加油就行了嗎？當然不是，驅逐魔鬼的第一步，就是逼迫自己審視過去不好的經驗、不堪面對的痛楚，當你瞭解當下擁有這些不好的信念（也就是七隻魔鬼）源自何時？如何形成？就能正面去克服並超越。

負面信念的來源

許多現階段的陰影與干擾，來自我們生長和學習的環境。生長在一個充滿負面情緒的環境裡，思想通常也會很負面。以家庭環境來說，從小看到父母婚姻不幸福的人，長大以後，容易對踏入禮堂產生畏懼；常常被指責的孩子，也容易否定自己。同樣的，曾在學習中受挫的孩子，未來較不敢嘗試突破與創新；總是在課堂上被羞辱的學生，也可能導致他對於書本的厭惡。

我有一個女性朋友，總是覺得自己的長相比別人差。其實她長得不錯，可是為什麼她對自己的長相這麼沒有信心呢？那是因為，她爸爸從小就叫她「醜小鴨」。她爸爸最常對她說的話就是：「醜小鴨，別以為自己長得怎麼樣，妳長得就是醜啊！」

爸爸每天不斷地講，她每天裝作不在乎地聽，日積月累聽習慣了，也覺得是事實，導致她爸爸愈講，她就對自己的相貌愈沒有信心。由於長期被「洗腦」，她覺得自己真的很醜，對自己的長相充滿自卑感。

其實，我們大多數的人，從小就是在「被暗示」的環境中長大，想想看，你的父母與師長是不是常對你說「你怎麼那麼笨？」或說「你以後沒前途」諸如此類的負面言語？或許他們的出發點是希望你爭氣，但事實上，卻可能將你原來擁有的自信心擊潰。

話說我這個朋友，在一年沒見之後，某天當我再看到她時卻「驚為天人」。她整個人容光煥發，不再是以前畏畏縮縮的模樣。原來，是她對自己的信念轉換了。沉浸在戀愛中的她，每天聽著另一半的甜言蜜語，除了讚美她的外貌，更讚美她在各方面的能力。她因此心花朵朵開，而心情好，容貌自然就跟著轉變。

然而，並不是每個人都這麼好運，能藉由外力，順利從過去的陰影中掙脫出來。因此，最重要的力量仍是來自你自己。當你在審視自己的過去時，絕不要認為「都是我不好。」「都是我差勁。」而是要將心境轉換為：「只是因為某某人誤解我。」「當初他誤判了我的實力。」「其實我很有潛力。」「其實我是能讀書的人。」雖然面對過去有時會很痛苦，但只要搞清楚它的底細，就能夠正面地擊倒它。

不，你不要給自己「安桌腳」

一個人之所以失敗，主要是因為限制住你的「信念」，讓你始終無法成功。以桌子來譬喻吧！一張桌子是由兩個部分所組成，一個是桌面，另一個是桌腳。一個人展現出來的信念如同桌面，穩固的桌面需要桌腳支撐。信念不可能無中生有，而支撐信念的桌腳，就是信念的來源。

你過去的人生經歷是一個桌腳，家庭與社交環境是另一個桌腳，別人對你的暗示可能又是一個桌腳……桌腳愈多，這個桌面就愈牢固、愈強大，對我們的未來所產生的影響也愈大。但重點在於：你的信念，究竟是「確信成功」的信念？還是「限制性」的信念？如果是後者，你必須除去你的「桌腳」。

過去，我自己也有限制性信念。我總是覺得自己的口才不夠好，不善與人溝通，而且這個「桌腳」從小學時代就有了，直到我學會自我分析，才徹底拔除了這個桌腳。

為了找出限制性信念的根源，找出支撐我這個信念的桌腳，我很努力地回想，到底是從什麼時候開始覺得自己口才不好呢？是生下來就不好？還是因為某個事件所造成的影響呢？

最後，我想出來了，我是因為 10 歲那年發生某個事件，才生出這樣的想法。

小學五年級的時候，有次學校舉辦演講比賽，而且是即興演講。那是一個相當大的場面，由校長親自在台上主持，從一年級到六年級，每班都要派代表去參加比賽。

這個代表不是由老師指定，也不是由同學推選，而是老師把每個同學的學號放在箱子裡隨機抽取，在抽出參賽者之後，再用同樣的方法抽出演講題目給參賽者，接著即席演講三分鐘。這麼恐怖的比賽方式，讓每個學生心跳如戰鼓！

現場，全校將近一千名的學生在老師抽籤時，都在心裡拼命吶喊：「不要抽到我，不要抽到我，不要抽到我……」當然我也不例外。

不過，命運之神並沒有眷顧我，可能我的潛意識力量不夠強大，雖然用力祈求上天不要抽到我，但還是不幸被抽中了，而後抽到的題目是「我的父親」。

那時才 10 歲的我，一想到要對著一千人演講，兩腿發軟、雙目呆滯，腦中只有「死定了」這個念頭。於是我在腦袋一片空白之下，發表了一場「我的父親」的演講。記得當時我緊張得連父親姓什麼都忘了，完全不知道自己到底說了什麼，走下講台的時候只覺得所有人都在暗自取笑我，丟臉極了。

之後，學校公布演講比賽的名次——說實在的，我到現在還不能理解學校的作法，他們居然只公布了前三名和最後三名，其他名次都不公布。很不幸地，我是倒數第二名。雖然知道自己表現不佳，但這個公開在全校一千多人面前的名次，重重打擊了我的自信心。

自此以後，我給自己安了一個桌腳：我的口才「果然」不好，不會溝通，也不會說話，要是會說話，怎麼會得倒數第二名呢？一定不會錯的！往後每發生一件不好的事，我就持續不斷的自我暗示：一定是自己溝通能力不佳。長久下來，這個桌腳愈來愈粗、愈益牢靠。

這個不堪回首的記憶，在我心中留下相當大的創傷。然而當我勇敢去正視它、面對它，且不停地告訴自己：「我並沒有錯啊！」「在一千人面前演講，會緊張是自然的！」「問題在於當年不合理的比賽規定！」「問題在於不懂得保護學生的老師身上！」傷口便慢慢癒合。甚至我還可以這麼告訴自己：「林裕峯！ 10 歲的你勇敢上台了，沒有逃避，真是了不起！」就這樣，幼時為自己安的桌腳便這麼拔除了！

檢視你的腦能量

你呢？是否也曾為自己安了桌腳？當身為業務員的你不能月入百萬，或許你該想想，你是不是有以下的「限制性信念」？

我必須得到批准才能成功	我認為自己做不到，因為沒人讚美我、沒人給我信心、沒人認同我的能力。總之，沒人保證我能成功，所以我始終無法成功。
我永遠沒辦法成為我想成為的那種人	我不會開車，所以不能買 Jaguar ；我個性不堅定，無法從頭到尾堅持一件事；我能力不足，永遠無法成為想要成為的那種人。
如果我成功，就代表有人失敗	世界上能夠成功的人的總數，上天早就注定了吧！我的成功，會不會就是踩在一個失敗者的頭上？
爬愈高，摔愈重	希望愈大失望愈深，愛得愈深傷得愈深，我不想受傷，什麼都不做，就不會受傷！

以上所謂「限制性信念」，都專注在「負面、我不想要」的念頭上。如同失戀的人會陷在「他為什麼不愛我」的念頭裡無法自拔，不斷想著一定是自己哪裡不夠好，愈想愈痛苦！負債的人也總不斷想著沒錢怎樣辦，卻不見得馬上動身去賺錢。其實，與其每天一直想負債20萬，為什麼不趕快去想個能賺100萬的點子呢？失敗的人每天想的是「早知如此，何必當初」；成功的人卻是想「下一步我該怎麼做？」。不同的想法，會激發出不一樣的腦能量，腦能量有正面的，當然也有

負面的。

所謂的「限制性信念」，簡單來說就是「想太多」，你不妨在每個多想後面上一個問號，然後試著解套：

可怕的多想	解　套
我必須得到批准才能成功？	凡事都要別人加持，你的人生必有所侷限；相反的，你自詡是不可替代的存在，你的人生便由你自己決定，你就是自己人生的主人。
我永遠沒辦法成為我想成為的那種人？	成功如同打靶，有四步驟：行動（先射擊）、學習（沒射中靶心，就持續學習到好）、修正（調整自己射擊的姿勢、心態等）、重複（不斷練習直到射中靶心）。你必須相信，經歷不斷的行動、學習、修正、重複，總有一天一定會實現目標。
如果我成功，就代表有人失敗？	這是一種「奇妙」的迷思，卻是最具殺傷力的理由，甚至是一個推拖的理由。但事實卻是：成功並不缺貨！你應該想的是：如果我只能有一個成功的話，我要什麼樣的成功呢？
爬愈高，摔愈重？	輸是贏的一部分，就像大家都知道，選總統是非常不容易的事，那麼多人選，而且選上機會很渺茫。然而一直害怕選不上的話，是不是就不要去選了？任何事情也是這樣，你因為害怕失敗，永遠不去嘗試，又怎麼會知道最後的結果是什麼？相信我吧！付出愈多、得到愈多。

如果你總是先問「到底要花多少時間、多少金錢才能成功？」，何不轉換為「為了成功自己願意做出什麼承諾、付出什麼代價？」。如果你總是認為「我只是不做罷了」，那麼何不快點行動？

讓我告訴你一個事實：你的承諾，決定你要花多少時間！

你認為肯做的話早就擁有了，那為什麼你還沒有呢？因為你沒有一定要。

你現在的結果，都是你習慣的結果，想要成功，改變現在這個結果，你必須重新給自己正向的信念。

從今天起，你要這樣思維：

「我不僅相信事情會改變，同時相信我必須推動改變。」

「我相信，我絕對有能力改變！」

曾經有人告訴我，成功比失敗還難，然而在我看來，失敗比成功還要難。我認為，所謂「成功」就是明確化你的目標、擬定良好的計畫、展現個人特質、發揮自我潛能，並且持續不懈地朝目標努力，最終達成你期望擁有的人生，這，就是成功。

沒有人不想成功，有哪個失敗者願意堅持一輩子當個失敗者？只要你不想當失敗者，只要你願意解除「恐懼」、卸下「限制自己」的桌腳，你會跟我一樣，發現「失敗比成功還難」。

15分鐘成交note

眼前出現一個目標時，你心中會冒出什麼想法？

□達成這個目標會不會浪費我很多時間？

□達成這個目標感覺很難，我做得到嗎？

□這個目標值得我這樣付出嗎？

□不是我做不到，如果我肯去做的話，那我早就擁有了。

□為了這個目標，我願意做出什麼樣的承諾？

□為了這個目標我願意付出什麼代價？

□達成這個目標，第一步要做什麼？

□為了達成這個目標，哪些事是我早該去做，而我卻一拖再拖？

裕峯老師's show time

你發現了嗎？左邊是失敗者的思維，右邊是成功者的哲學。右邊打勾的數目多於左邊，你就是未來的成功者、勝利者。調整思維、向成功者的態度倚靠！記住！要超越限制性信念，同時不計一切代價地拼命學習。

克服恐懼，不畏拒絕

如果你今天要選里長，在拉票過程中，會有幾百個人拒絕你；假設你要選立委，可能會吃上幾千人的閉門羹；選市長的話，幾萬個拒絕想必少不了；總統呢？絕對有幾十萬個人可以拒絕你。這是什麼意思呢？亦即你想做的事業愈大，理所當然會被愈多人拒絕。

銷售也是，本身就是一個不斷被客戶拒絕的生意。試想，如果不需要你出馬，每個客戶就主動排隊來搶購產品，那麼身為銷售員的你也就失去了真正的價值，公司根本沒有必要花錢聘請你、給你機會去銷售產品。

當然，世界上也存在深受顧客信賴的銷售員，他們極少被拒絕，甚至顧客還主動排隊上門。做到這一步的人通常已經是老手了，但他們也是從被拒絕開始，一路奮戰到現在這樣的局面。

其實，客戶之所以拒絕你，未必是反對你或你的產品，絕大部分的原因是客戶「不想那麼快下決定」，「拖延」是客戶購買的一個慣性。而他們之所以拖延，是缺乏自信，害怕作出錯誤的決定所致，即便有可能錯失良機，他們也不願馬上作出可能會使自己後悔的決定。

所以身為業務員，或是想要成為頂尖業務員的人，必須調整自己的心態，不要害怕被客戶拒絕。只要正確認識銷售的本質，同時對客戶進行充分的瞭解，就能扭轉內心害怕被拒絕的恐懼。

美國知名思想家艾默生（R · W Emerson）曾說：「只要你勇敢去做讓你害怕的事情。害怕終將滅亡。」如果你不想被「恐懼」這隻看不見的手擊倒，首先，要轉換你的「成交」心態，摧毀你對「拒絕」的錯誤定義。

1. 你的產品物超所值

當你用 1 元的東西來跟別人換取 10 元，你當然會緊張，因為那是欺騙，不是等值的交換。很多業務員害怕被客戶拒絕，就是存著這樣的心理，他們認為自己的產品不值那個價錢，覺得自己是在欺騙客戶，以至於當客戶拒絕自己時，便心虛地認為被客戶看出破綻。

說穿了，你之所以這樣想，根源在於你對自己所銷售的產品沒有信心，甚至不夠認識自己所銷售產品的價值。

只要你對自己的產品價值有信心，就不必擔心客戶用一大串的理由來拒絕你，因為你心裡清楚知道，你是用 10 元的產品價值去換取別人的 1 元。一旦你認為自己提供給客戶的產品絕對物超所值，那麼你所表現出來的態度一定是理直氣壯、坦然且從容，而客戶看到的，自然也是你的自信與專業。

2. 你的成交是為了幫別人解決問題

銷售不是讓客戶掏錢滿足你的收入，而是為了替客戶解決問題。如果產品對客戶來說沒有任何用處，那麼再便宜他也覺得貴。

客戶之所以購買，是因為他覺得你的產品能幫助他在事業、家庭、健康、情感、人際關係等方面獲得改善。所以，調整你的觀念，就可以改變你對銷售的態度。

永遠不要想著能從客戶那裡賺多少錢，而是問自己能為客戶提供哪些最有價值的服務或幫助，只要你隨時保持這樣的心態去服務客戶，就會顯得從容而自信。

3. 成交是一種概然性

所謂「概然性」，也就是說你眼中看到的偶然性事件，其實是有其規律性的。簡單來說，你買愈多的彩券，中獎率愈高；你拜訪愈多的人，成交率也是愈高。即便是世界第一名銷售高手，也不能保證他所服務的每位客戶都會成交。然而，不可否認的是，銷售就是「一回生、兩回熟」的技巧，隨著你的業務技巧不斷提升，銷售心態不斷改變，你的成交概然率就會大大提升。

你的收入不是來自於你的成交總量，而是來自於你的拜訪總量，不要因為害怕被拒絕而不敢進行陌生拜訪，「讓拜訪量達到最大」是成就超級業務的關鍵。

4. 客戶一點都不在意拒絕你

很多業務員被客戶拒絕後，心裡很難受，情緒低落到了極點，覺得被拒絕是很沒面子的事情。

其實，當客戶拒絕你後，並沒有花費太多時間或精力去考慮你的感受，當你走出他辦公室的剎那，他搞不好已經把你這個人給忘了。所以，千萬不要用客戶的表情或語言來傷害自己，因為這些都是你個人心裡的想法。記住，不要把自己太當回事，因為客戶並不在乎你！

5. 沒有不好的客戶，只有不好的心情

每個人都有心情不好的時候，當你走進客戶的門，也許當下他正遇到麻煩事，以致給你臉色看。不同的心境會產生不同的反應，當客戶拒絕你時，有時候並不是因為你這個人不好，也未必是他不喜歡你，而是當時他的心情不好所致。只要你體認到，沒有不好的客戶，只有不好的心情，那麼你就不會因為被拒絕而感到痛苦。

6. 拒絕你，其實客戶也很緊張

當你去拜訪客戶的時候，你覺得是客戶比較緊張，還是你比較緊張？

很多銷售人員去拜訪客戶的時候戰戰兢兢，走到客戶大門口還不敢進去，要深吸好幾口氣、給自己心裡喊話，才敢伸出手按下門鈴。

從我多年的經驗看來，其實很多客戶比你還緊張。因為東方人普遍認為成全別人是美德，助人為樂是好事，所以不習慣拒絕別人。

尤其中國人和台灣人都愛面子，不買還覺得不好意思。舉例來說，如果你去服飾店仔細觀察就會發現，即便店員有禮地對客人說：「先生／小姐，不買沒關係，喜歡的都可以拿起來試穿。」這時候，大多數顧客反而開始緊張了起來，直覺反應：「我只是隨便看一下。」

當顧客說這句話時，難道他真的只是隨便看一下而已嗎？不，其實他心裡說不定很想買，他之所以不敢試穿，就是怕試穿以後不合適，拒絕店員很不好意思。為了避免場面尷尬，他只好假裝自己不想買。

所以，當你瞭解顧客拒絕你，他心裡也很不好受時，你還有什麼

好擔心的呢？當你認知到失敗和被拒絕，實際上都是我們內心的一種感覺之後，你其實就不會那麼難受，甚至懂得把客戶的拒絕，重新進行「定義的轉換」，讓拒絕反成為成交的動力。

綜上所述，當客戶對你說：「你的產品太貴了。」你要將思緒轉換成：「其實顧客是希望我告訴他，為什麼我的產品值這麼多錢？」或是：「顧客希望我告訴他，為什麼他花這些錢來購買我的產品是值得的。」

當客戶說：「我要回家考慮考慮」或是「我要跟別人商量商量」。你要將思緒轉換成：「其實顧客希望我給他更充足的理由，讓他能安心地買下我的產品，而不需要回去和別人商量。」

總之，被顧客拒絕的時候，你只要設身處地站在顧客的角度，理解他的心理，明確瞭解顧客為什麼會提出這樣的問題，進而解決他的問題，如此，顧客的拒絕就會轉變為成交的關鍵。

當顧客提出異議時，你還可以如何進行「銷售轉換」呢？

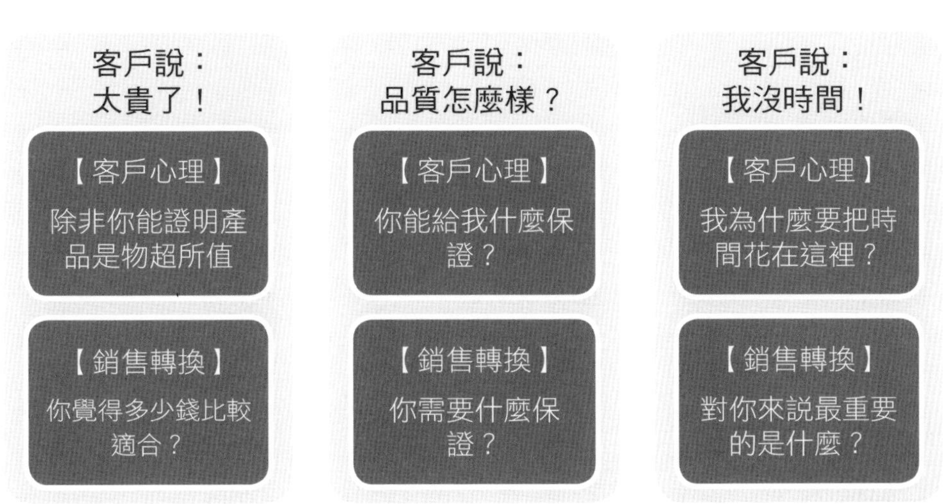

如果平均和 5 個人見面可以成交 1 個人，代表每被拒絕一次，距離成交就更近一步。所以「拒絕 = 成功」。被拒絕次數愈多，成交率愈大。不要害怕被拒絕，但更要用心想方設法，讓自己被接受！

雖然被顧客拒絕的當下，適當的轉換情緒很重要，但有一點不可忽略的是，有時候顧客之所以拒絕業務員，是因為業務員太過「白目」，或是「沒禮貌」。我曾經看過有個業務員，很認真地準備了一大疊資料，但卻直接把那一大疊未經整理的原始資料丟給客戶，請客戶自己慢慢看，讓客戶整個傻眼。想都知道這是一筆不可能成交的生意。明明用心花時間找資料，結果造成反效果，豈能不慎？

1. 被拒絕有哪些好處？（例：可以讓自己哪方面的能力增強？）

____

____

____

____

2. 當你聽到哪些句子時，會讓你覺得自己被拒絕了？試著將你認為客戶拒絕你的話，作個巧妙轉換吧！

客戶說：		客戶說：	
客戶心理		客戶心理	
銷售轉換		銷售轉換	

準備好會被拒絕 6 次以上，然後依照你的名單，每個客戶都拜訪 6 次以上。如果真的每次都被拒絕，不必灰心，保持追蹤、跟進就好，因為在這當中，一定有人會被你的誠心打動。最重要的是你要改變消極、害怕的想法，永遠正面積極思考，那麼客戶的所有回應，對你而言都是正面的回應。

unit 04 量身打造你的銷售盔甲

銷售之神喬·吉拉德說：「在你成功地把自己銷售給別人之前，你必須百分百地把自己銷售給自己。」

有個菜鳥業務員剛入行，第一次去拜訪客戶時，明明人已經走到客戶公司門口，卻遲遲不敢伸出手去按電鈴。他徘徊在人家公司門口，嘴上念念有詞，不斷在心裡精神喊話，一直到過了半小時，終於深吸一口氣，帶著「必死」的決心按下門鈴。

「你終於按鈴了，」這是客戶開門後對他說的第一句話，「我從半小時前，就從門口的監視器裡看到你站在我們公司大門，大家都在納悶你為什麼不趕快進來。」

這不是笑話，而是真實的案例，這表示，業務員所展現出來的一舉一動，其實都被客戶清楚看在眼裡。很多業務員因為對自己缺乏勇氣，沒有自信，因而不自覺地在客戶面前表現出畏縮的模樣。

然而，一旦你的畏縮態度被客戶一眼看破時，客戶如何還能信任你的專業？如何願意與你成交？

客戶喜歡與有資歷和有實力的銷售人員來往，因為對他們而言，只有專家才能提供他們最有價值的服務與幫助，這也就是為什麼很多人寧願在醫院等上數小時，也一定要掛到名醫的病號。

所以，如果你想讓買方清楚感受到你的專業與能力，你從第一次開口與客戶說話開始，就要充分顯示自己的專業性。

不過，還有比說話更重要的就是：你所呈現出來的外在形象。

也就是說，想要讓客戶買單，你不只要具備專業知識，更要量身打造一副堅實的銷售盔甲，亦即：你要別人付你多少錢，你就把自己打扮成那個樣子。

「自信」讓你看起來就是一個專家

「為成功而穿著！」

客戶第一眼看到你所獲得的第一印象，也會影響以後的印象，此效應稱之為「首因效應」或「首次效應」。

某次，有個記者訪問美國一家保險公司的副總：「您認為拜訪客戶之前，最重要的工作是什麼？」

副總回答：「我認為最重要的工作，就是照鏡子」

「照鏡子？」記者很詫異。

「是的！你面對鏡子，與面對準客戶的道理是相同的。在鏡子裡，你能夠看到自己的表情與姿態；而從準客戶的反應中，你也會發現自己的表情與姿態。我把它稱為鏡子原理。」

一個人的第一印象非常重要！一旦第一印象建立好，那就成功了一半。而第一印象就是要透過形象來建立，其中包括：穿著、舉止、氣質。

建立良好的第一印象，就能成功推銷自己。喬・吉拉德就是因為懂得推銷自己，所以才能在短時間內締造世界銷售紀錄。對客戶來說，他買的不是汽車，而是喬．吉拉德這個人！喬．吉拉德表示，他每天出門前，一定會看著鏡子對自己說：「喬，我今天會買你嗎？會！」然後親吻鏡中的自己。

所以，我每天出門前，都會照鏡子且不斷告訴自己：「我是全世界最有魅力的人，所有人才都會被我吸引而來。」我一定會讓自己擁有百倍能量，信心滿滿之後再出門，而每天晚上，我也的確收穫滿滿地回家。

世界上最偉大的催眠大師馬修史維認為，一個人能不能成功，都是透過催眠四步驟而成，分別是：

- 步驟 1：想像自己是……。
- 步驟 2：假裝自己是……
- 步驟 3：當作自己是……
- 步驟 4：我自己就是……

一個人若常覺得自己是一個不成功的人，長時間下來，一舉手一投足就真的散發出不成功的人的樣子。到了中年，懊惱地發現自己料中一切：我真的是個不成功的人！這是因為長時間的錯誤想像，所導致的悲傷結果。

所以，從今天起，想像自己是一個成功的企業家，並且假裝自己就是億萬企業家，在舉手投足間模仿億萬富翁的魅力與神情。當你長期用億萬富翁的思維來行事，久了就會成為擁有財富的人，也能吸引頂尖的人才向你靠攏。

打扮成什麼樣子，在客戶眼中就是什麼樣子

只不過，有自信還不夠，另一件同樣重要的事，就是你的外表與裝扮。

班・費德文是美國保險界的傳奇人物，被譽為世界上最有創意的銷售員。但他剛剛進入保險界時，穿得非常不得體，業績也不好，公司準備辭掉他。聽到消息後，他非常著急，便向公司裡的一位高級經理請教如何力挽狂瀾。

經理對他說：「你的髮型根本不像個專業銷售員，衣服搭配也不協調，看上去十分土氣。你一定要記住，要有好的業績，首先要把自己打扮成一位優秀銷售員的樣子。」

然而費德文回答：「你知道我根本沒有錢打扮。」

但經理只告訴他：「請你搞清楚，那是在幫你賺錢。我建議你找一個專營男裝的老闆，他會告訴你如何打扮。成功的打扮不但容易贏得別人信任，賺錢也會容易許多。如果這麼做可以讓你省時省力又能賺到錢，你為什麼不去試試看呢？」

聽了他的建議，班・費德文馬上借了一筆錢，先到一家高級美容院整理頭髮，然後又去經理推薦的男裝店，請服裝設計師幫他打扮一下。

設計師認真地教費德文打領帶，又協助他挑西裝，以及選擇與之相配的襯衫、配件等。他每挑一樣，設計師就清楚解說為什麼要挑選這個顏色與式樣，還送給費德文一本如何穿著打扮的書籍，書裡清楚寫著什麼時候該買什麼樣的衣服、買哪種衣服最划算等所有與裝扮相

關的詳細資訊。

自從班・費德文的穿著煥然一新，外在打扮有了專業銷售人員的水準之後，他銷售起來更有自信，業績也因此增加了兩倍。

魔鬼藏在細節裡

某房仲集團曾經做了一個調查後發現，客戶非常重視房仲員的服裝儀容。如果該房仲員奇裝異服、頭髮染了五顏六色，客戶從此退避三舍，並要求公司更換其他房仲員來服務他。客戶此舉清楚說明一件事：這個房仲員的外表，已經失去了他的信任。

過去還有一家旅行社的老闆，嚴格要求底下的業務員，嘴巴不得散發煙味，就連身上殘留煙味也不行。為了徹底執行此項政策，他會隨時抽檢，三不五時就把業務員找來「聞一聞」，如果該業務員違反規定達三次，就請他辭職離開。

因為該老闆認為，對菸味非常敏感的客戶，一定不喜歡業務員身上的菸味，而業務員面對客戶時就代表公司。為免業務員身上的菸味影響顧客對公司的觀感，才會有如此嚴格的要求。

雖然以外表來衡量一個人太過勢利，但不可否認，現代人還是習慣「以貌取人」。因此，一個業務員的外在，不論穿著打扮或是身上的氣味，的確會對顧客造成極大的影響。是故，你可以用一些古龍香水，但不要過量；然後記得要把頭髮梳理整齊，且不要讓頭皮屑影響你的形象。

至於名車、名筆、名錶、袖扣、手提包、筆記型電腦等「周邊配件」，也是彰顯自己身分與成就的表彰；還有，別忘了好好保養鞋子。鞋撐可以保持鞋形，避免鞋面變形，同時要讓鞋子保持光澤，注意鞋後跟的磨損情況，不要鞋子穿破了還不自覺。你的服裝儀容，每個細節都要留意，千萬別讓小地方壞了你的大事。

至於你想把自己塑造成什麼樣子，請先拿出一張白紙，寫下自己希望在顧客面前，創造出什麼樣的形象。有句話說：「你見一個人五分鐘，他會記得你十年。」如果你希望顧客談到你的時候說：「這個人很忠厚老實」、「這個人值得信賴」。或是：「這個人很有禮貌、這個人介紹的產品很棒」、「這個人的態度很好」、「這個人的穿著一流」、「這個人非常討人喜歡」……

何不把你想要給顧客的形象設計出來，寫在一張白紙上，然後問自己：「我每天可以做哪些事情來符合這樣的一個形象？」

接著每天看著它，把你想要傳遞給顧客的形象深印在腦海中，並且執行它。然後每天對著鏡子，看看自己是否如實打造出你想要的形象。如此長久下來，顧客提到你的時候，就會朝你想要塑造的形象為你宣傳，而良好的形象就會讓顧客大量地為你轉介紹，使潛在顧客主動上門。

15分鐘成交note

你希望客戶看到一個怎麼樣的你？

客戶眼中的我		我要怎麼做？
【範例】	乾淨清新	今天開始戒煙
	專業有原則	出門前燙襯衫
	禮貌	一見面先問候他的近況
客戶眼中的我		我要怎麼做？

你身上有95%是靠你自己去打扮，美醜是靠包裝出來的。如果連餅乾都要包裝了，難道你不用包裝嗎？唯有重視你自己，客戶才會重視你。

unit 05 善用「五感」銷售

上單元提到的銷售盔甲，只是一個整體形象。整體的美好由許多「細節」構成，乾淨怡人的外表只是這副盔甲的「基本配備」。在銷售的過程中，如果你只是滔滔不絕地介紹產品，而不理會消費者的反應與感受，說再多也是白搭。

因此，你所表露出來的「態度」，將成為促進成交的「內在盔甲」。在銷售的過程中，一定要配合「五感」：眼睛、表情、聲音、耳朵、肢體——充分展現你的眼神魅力、笑容魅力、語調魅力、傾聽魅力、整體魅力。你誠懇有禮的眼神、適切端莊的微笑、自信的語調與用詞、認真傾聽與誠心讚美，以及從容的肢體動作，都是在銷售自己，也是在說服別人。

顧客是否願意付你錢，有如下頁圖中所述的八個關鍵。而首次見面的第一眼開始，到對你整體外在形象的評分，就已經占了八個關鍵中的六項，百分之七十五啊！接下來的關鍵才是你能否與他天南地北地聊天，並切入專業話題。如果前面的六個關鍵就被扣分扣得一塌糊塗，你再有內涵、口才再好，對方既已建立一道防線，聽在耳裡也是持保留態度。也就是說，絕對要善加利用「五感」，在一開始就成功建立「整體外在形象」，進而讓客戶對你的內涵、專業感到興趣。

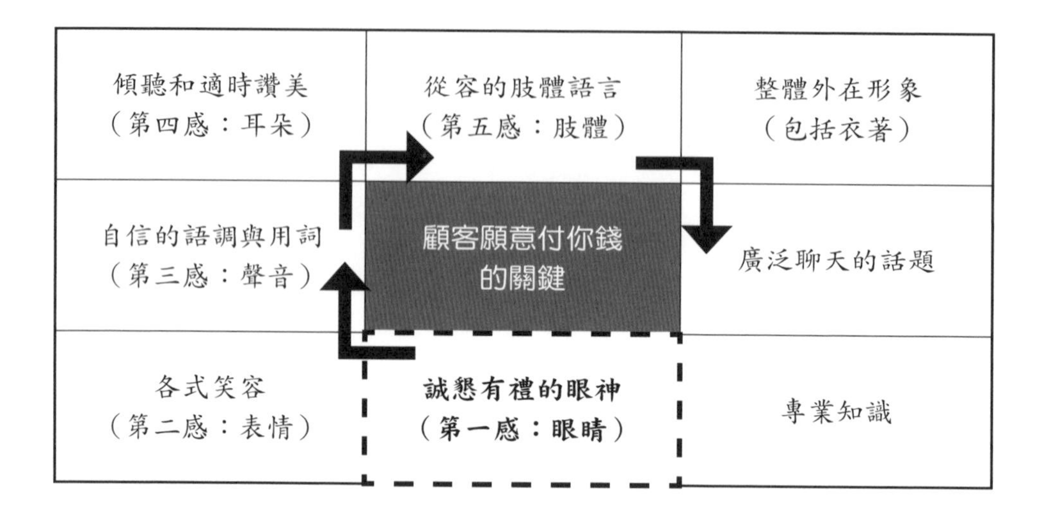

第一感：眼神（眼睛的發揮）

高手過招，看眼神就分勝負！眼神是可以後天培養出來的，成功者的眼神就是不一樣，充滿自信與魅力！不只如此，一個「高竿」的銷售員，更懂得運用眼神與視線來掌握人心。

視線的最適焦點：注視區

《富比世》（*Forbes*）雜誌報導指出，不敢與主管進行眼神接觸的部屬，通常會被視為不夠真誠，因此升遷的機會大幅降低；如果「眼珠亂轉」，也會被解讀為「沒誠意」或「企圖掩蓋事實」。這兩種眼神，都會讓對方感覺你「心術不正」，為人不夠誠懇。

如果從心理學的角度來看，兩個陌生人在視線相交的瞬間，雙方都會下意識地把眼神撇開，這是很自然的現象。然而，如果你能掌握視線交會的訣竅，不但不讓對方感覺被侵犯，還能讓他感受到你對他的重視，那麼你就成功了一半。

首次與客戶見面溝通時，眼睛常會不知道看哪裡好。這時，你可以「鼻頭到上額」為直徑，畫一個圓，這個圓的範圍，即是最佳「注視區」。建議再將頭微微向前傾，蕩開溫柔地微笑，雙手放鬆，手心自然朝上，然後眼睛凝視著對方的這個區域。如此「開誠布公、坦率且毫無隱藏」的樣子，一定能讓客戶感覺輕鬆又舒服，安全且沒有威脅感。

但是，如果你把目光聚焦在「隨意區」與「敏感區」，則會有反效果出現，必須留意。

所謂「隨意區」，就是以對方眼睛的兩個瞳孔、下巴的中間點，所劃出的一個假想三角形區域，又稱之為「親密三角」。如果你的目光聚焦在這些地方，對戀人而言，這樣的注視會使對方沉浸在激動的假想當中，但是把這樣的眼神放在客戶身上，客戶會認為你態度隨意且不夠正式。

而最要不得的是，把眼光放在「敏感區」，也就是對方脖頸或胸部等地方，尤其如果對方是女性，此舉更會招致對方的誤解。以上兩種眼神，專業的銷售人員都應該避免。

視線交會的最適時間：2 秒鐘

與客戶目光接觸很重要，但時間的把握也很重要。如果你總是緊盯著客戶不放，對方也會感到不自然，產生被威脅的感覺。尤其當你臉部肌肉緊繃，更會讓人誤以為你對他有敵意。

然而，如果你只是很快地看他一眼就馬上轉移視線，對方也會感覺你不太有自信。所以，雙方目光接觸最佳的時間，不宜超過 3 秒，但也不能低於 1 秒，最好以 2 秒為佳。

隨時觀察客戶視線停留在你臉上的時間

根據統計，兩個人在談話的過程中，一般視線交錯的時間約占整個談話時間的 30％至 60％。如果客戶關注在你臉上的時間超過 60％，表示他除了談話內容，對你這個人也很感興趣，該次成交的機會，必定大增。

相反的，如果談話的過程中，客戶的視線始終與你沒有交流，甚至視線「瞥」到你臉上的時間低於 30％，這就表示他對你的話題不感興趣，或有什麼訊息正隱瞞著你，不想讓你知道。此時你必須適時轉換話題，試圖找出客戶不感興趣的原因，否則進一步向他銷售時，只會造成反效果。

身為業務員一定要記得，當你在觀察客戶時，客戶同時也在觀察你，你的眼神會告訴客戶，你有沒有把他當作一回事，以及你正以什麼樣的態度在對待他。

每天，你都要對著鏡子觀察自己的眼睛，找出不同心態所表現出來的眼神，讓自己的眼神在最恰當的時間、停留在最恰當的地方，充分運用眼睛，把個人魅力發揮到最大。

第二感：笑容（表情的發揮）

世界著名的連鎖餐飲集團麥當勞，將「笑容」作為最有價值的商品之一。資產額數十億美元的希爾頓「旅館王國」一貫堅持的經營哲學就是：「一流的設施，一流的微笑」。全球一流的飯店都有一個共識：他們相信「微笑」是客戶源源不絕湧入的主因。

早在 1930 年全球經濟大蕭條的時代，全美旅館有八成倒閉，希爾頓的旅館也嚴重虧損，舉債數十萬美元。然而，希爾頓依舊向員工交待：「無論遭遇怎樣的因難，希爾頓的宗旨萬萬不能忘，所有服務員臉上的微笑永遠屬於顧客。」如此溫馨不變的經營模式，讓希爾頓旅館在經驗蕭條一過，立即率先進入另一個經營高峰，穩坐飯店業界的霸主之位。

微笑是致勝法寶之一。世界上最偉大的銷售大師喬．吉拉德曾說：「當你笑時，整個世界都在笑，一臉苦相不會有人想理你。」

試想，一個沒有開朗笑容、整天一副苦悶表情的銷售員，絕對會被客戶打回票，畢竟一張苦臉只會讓人感覺不快，成交的可能性也勢必降低。相對地，業績好的銷售人員卻總是主動、熱情、掛著微笑和別人談話。這是因為開朗的微笑可以讓顧客心情愉悅，即使有點小憂鬱也會瞬時忘卻。在這種情況下，銷售工作成功的機率便會大大地提高。

讓顧客喜歡你，就能提高成交機率。日本銷售之神原一平是個身高才 145 公分、外表極端不起眼的保險推銷員，他曾因付不起房租，以公園長凳為家兩個多月。雖然工作勤奮，努力推銷，卻連寺廟的和尚都不客氣對他說：「聽你說話，完全無法引起我的購買慾望。」他決心要改變自己！原一平開始要求每個與他見面的客戶，說出他的缺點。結果每個人都毫不留情地批評他。然而，他卻將客戶對他的批評記錄下來，細細思索如何改善。同時，他持續琢磨要如何成為讓顧客喜愛的推銷員。最後，他歸納出一個業務員應當具備的 38 種笑容，對著鏡子反覆練習。以下就是原一平日夜練習的 38 種笑容：

發自內心的開懷大笑	感動之餘壓低聲音的笑	喜極而泣的笑
取悅對方的嫵媚之笑	逗對方轉怒為喜的笑	哀傷時無可奈何的笑
安慰對方的笑	難過卻保持笑臉的虛偽的笑	岔開對方話題的笑
消除對方壓力的笑	充滿自信的笑	發愣之後的笑
表現優越感的笑	重修舊好的笑	兩人意見一致時的笑
吃驚之餘的笑	意外之後的笑	嗤之以鼻的笑
折磨對方的笑	挑戰性的笑	大方的笑
含蓄的笑	誇張的笑	逼迫對方的笑
假裝糊塗的笑	心照不宣的笑	含有下流味道的笑
微笑	滿足時的笑	遭人拒絕時的苦笑
壓抑辛酸的笑	無聊時的笑	話中帶刺的笑
鬱鬱寡歡時的笑	熱情的笑	冷淡的笑
自認倒霉的笑	使對方放心的笑	

香港喜劇之王周星馳接受媒體採訪時曾表示，在他還是沒沒無名、跑龍套的臨時演員時，每天都會在家對著鏡子練習喜怒哀樂等各種表情。雖然業務員不是演員，但同樣也要練就一臉「好表情」，達到別人一看到你的微笑，就想付錢給你的「境界」。記住！每天對著鏡子練習眼神與笑容，是成為一個優秀業務員必做的功課。

第三感：語調、用詞（聲音的發揮）

同樣一句話，用不同的語氣說出來，會有不同的意思。例如，當你用惡狠狠的語氣說出：「你要小心一點。」會讓人感到你在威脅他；但如果用溫柔且充滿關心的語氣說出同樣的話，別人會覺得你是在關心他。情況完全相反，顯然語氣的力量非常強大。

聲音的音調，則會清楚讓對方感受到想要傳達的心意。如果你想讓對方一直注意你的談話，千萬不要拉高聲音，反而應該降低聲調，因為謹慎小心發出的低沉嗓音，能夠使說出來的話聽起來更為莊重、更加果斷，並突出你想要傳達的重點與關鍵字。因此，善用講話的語氣和音調非常重要。

適時使用「沉默絕技」

倘若處於緊張的情緒下，還一直說話，有時候反而會弄巧成拙。如同美國幽默作家馬克·吐溫曾說：「雖然沉默不語可能顯得愚蠢，卻好過因為張嘴說話而落人口實。」

其實，說話時停頓一下或暫時陷入沉默，是很有力量的「非言語行為」，因為它代表「有信心」與「深思熟慮」。許多人害怕在說話時陷入沉默，於是拚命地沒話找話。但如果你能夠整理好思緒，再從容地說出想法，反倒會使你說的話更有分量。所以，適時沈默，也是一種「聲音的表達」。

所以，談判或成交前的關鍵時刻，何不試試故意停頓一下不說話？如果對方較為心浮氣躁，也許會忍不住趕緊提出一個更好的條件，或是不自覺地把心裡的話吐露出來。

反覆練習，避免無意義對白

然而，說話支支吾吾、猶豫不決，跟前面所說的故意停頓是不一樣的。「嗯」、「啊」之類的口頭禪以及清喉嚨的動作，都代表缺乏信心，而且是在浪費對方時間，沒有客戶會欣賞這樣的行為。

因此，講話時一定要避免這些無意義的對白。如果有人問你一個無法即時回答的問題，最好的回答是：「這件事情還在處理中。」或誠實表示：「我會回去找答案，並且儘快回覆您。」絕對不要支吾其詞或勉強說一堆毫無意義的長篇大論，這只會讓人認為你在唬弄他，替自己強辯硬拗，反倒留下負面的印象。

或許你會說，好口才並非你的強項。其實大多數人都是如此，但是口才是可以經由專注的練習而獲得改善。英國前首相邱吉爾以好口才而聞名，他說出的金玉良言常常被世人引用，但他並不是天生就擁有這項了不起的才能。他的每一篇演講都經過反覆的演練，他所說的每一句俏皮話，都是事先精心構思、下了極大的苦工，等到正式上場時，就會令聽眾覺得他真是聰明過人。

你也可以做相同的事，這跟演員穿正式戲服彩排是一樣的道理。台下 NG 一百次，才得以造就螢幕上的功夫高手。只有極少數的聰明人能夠出口成章，以我個人來說，每次進行一場全新內容的演講之前，我絕對會事先演練好幾遍，且練習到所有的內容和姿勢都變成本能般熟練。

你可以私下自己練習，也可以請朋友或家人作陪，並請他們提出真實的指正。你甚至應該錄音，仔細聆聽自己的表達方式、語調聲音，是否忠實呈現你想要達到的目標。以我的經驗來看，通常我們以稍大的音量下聽完自己的演講後，多半會考慮選用別的字句或改變演說時的抑揚頓挫，讓演說更精彩。

不過請切記，每一場彩排與練習，你都要充滿信心，這會提升你說話的分量，並使你的演講更為流暢動人。

第四感：傾聽、讚美（耳朵的發揮）

永遠記住，推銷最重要的關鍵是，建立跟顧客之間的信賴感。在銷售過程中，你必須花至少一半的時間建立信賴感，而建立信賴感的第一步就是傾聽。很多推銷員認為 Top Sales（頂尖業務員）就是很會說話，其實真正的 Top Sales 很少是拼命講話的，他們花更多時間仔細聆聽。

不過，聆聽對方說話的態度有三種程度之別。有些人雖然看起來在聽，實際上心在九霄雲外，對方雖在眼前說話，聽的人卻一點也沒有接收到傳達的內容，這是一種無心與對方繼續溝通的狀態，稱為「無視對方存在的聽」。

第二種則表面上假裝在聽對方說話，但是心裡想的卻是自己的事情，並沒有專注在整體的訊息上，甚至只選擇自己想聽的來聽，以致於談話結束後，就會對對方所說的內容產生誤解，或不記得某些談話內容，這是「選擇性的聽」。

真正去瞭解對方話語裡所要傳達的確實意涵，讓對方充分感受到自己被瞭解，因此願意敞開心扉，更投入在雙方的溝通當中，稱為「同理心的聽」。只有第三種，才是專業銷售員該有的態度。

所謂同理心，是你想要真正瞭解別人，站在別人的度與立場看問題，想他所想的，感受他所感受的。因此交談時，讓對方體會到我們有真心在傾聽的重要關鍵就是：「要用對方的觀點說話。」

同理心傾聽不是一味用自己的觀點去講話，而是聽懂對方的觀點之後，站在對方的立場來發表意見。也就是說，一定要以同理心的角度去傾聽，才會建立你的親和力。我認為，要成為一個好的傾聽者，有三個步驟。

步驟一：問出很好的問題

最頂尖的銷售人員一開始都是不斷地發問：「你有哪些興趣？」或是：「當初你為什麼購買你現在的車子？」「你為什麼從事目前的工作？」打開話匣子，讓顧客開始講話。

每一個人都需要被瞭解，需要被認同，而被認同最好的方式就是：有人很仔細地聽他講話。現代人很少願意聽別人講話，大家都急於發表自己的意見。所以，當你一開始就扮演好一個傾聽者，你跟客戶的信賴感就已經建立了。

步驟二：讚美、認同顧客

增加信賴感的第二步驟是讚美，讓他感到被認同、被理解。比如一見面，看到他精心梳理的妝髮，便說：「你今天看起來不一樣唷！」等到對方興奮地說完造型過程、造型計畫等等，再發出「真是美極了、帥呆了！」的感嘆。又例如待他提出很有建設性的教育理念、健康資訊，你可以回覆：「我覺得你說得很好！」「我贊同你的觀點！我本身也有過……類似經驗。」

不過千萬切記，必須出自真誠的讚美，不是敷衍。如果你有口無心，為了讚美而讚美，你的表情會洩漏一切。

但是，並不是說要昧著良心去亂加稱讚，總不能對方分明蓬頭垢面你還硬扯她美麗大方，這樣只會被歸類為油嘴滑舌之人。我認為「讚美」是去放大對方優點、縮小對方缺點的寬闊心胸；「認同」則是異中求同，找出你們兩人個性或觀點中「共同性」的極大值。

上述這一切的前提，都要從「傾聽」開始，沒有經歷這個過程，會讓對方認為，你只是在不瞭解他之下，強硬客套說出讚美辭令。

步驟三：不讓他感覺被否定

每個銷售員一開始都懂得去認同顧客，然而難在持續給予認同。因為顧客有千百種，他的觀點不見得是對的（也有可能是你的觀點不對），所以一旦話題深入，彼此間的矛盾也一定會產生。簡單來說，不是每個客戶的個性都與你契合。但客戶又不是結婚對象，不能拿出交男女朋友的潔癖去評價他。即使個性不合也能「成交」，才是真正厲害的業務員。

總之，要培養自己能與任何人交朋友、跟任何人做生意，就算不認同客戶的想法，也不要試圖與他爭辯，因為被人否定的感覺很糟糕。而當你辯贏了，或許訂單就失去了。

「傾聽」並不容易，真正用心的聽者，腦中其實是高速思考的。根本來說，傾聽這個動作，除了考驗耐心，更可以反映出一個人是否體貼、真心等人格特質。我認為傾聽是一門藝術，是需要培養的。耐心解答父母或祖父母一輩三番四次詢問的同樣問題、聆聽孩子訴說今天在學校發生的事件細節、與親友理性和平地討論政治或敏感議題，這些都是培養「傾聽力」最好的訓練。

第五感：親和力（肢體的發揮）

前面的眼神、笑容、語調、傾聽結合起來，就能展現有親和力的「肢體語言」。其中，適度模仿對方的談話內容、使用的文字、聲音和肢體語言，就能有效引起對方的共鳴。只不過，在模仿肢體語言的時候，注意要不著痕跡的模仿，不要太過刻意，以免讓人感到不舒服。

以下六種契合法，可以讓客戶感受到你的親和力。這六種契合法，是一種與對方溝通和建立親和力的技術，讓雙方在特定狀態、表達方式、感官等方面產生契合。當顧客對你產生信賴，喜歡或接受你這個人的時候，自然也容易接受和喜歡你的產品。

1. 情緒契合法

想像一下，現在你正在與顧客聊天，而顧客的情緒非常不安，他說話的語氣有些緊張，此時你該怎麼辦？

許多業務員這時會刻意表現出很熱情的態度，或者說一段開心的故事來化解對方的不安。但依據我的經驗法則，如果對方心裡有疑慮，最好的方法就是與客戶同步。

對銷售員來說，具備同理心就是要與顧客情緒同步，為此，銷售員要能認識到顧客的情緒、感受及需要，或者聆聽他們的需要，開放自己和他們對話，顧客才會因為你的同理心而願意購買你的產品。

以情緒同步而言，具體作法就是：模仿對方的情緒及面部表情。

當對方表情很嚴肅，你也就跟著嚴肅；對方表情很輕鬆快樂，你也就跟著輕鬆快樂；當對方爽朗地笑，你也跟著他爽朗地笑，完全跟對方同步；如果對方的聲音裡透露著不安，那麼你的聲音也必須透露些許不安；如果客戶的語氣聽起來有些憤怒，那麼你也要表現出憤怒的情緒，不過只要簡短說出今天令你生氣的事情就好。如此對方就會莫名其妙地覺得，你很值得他親近，你跟他很合得來。

在一些商場的職業禮儀訓練當中，主管會告訴銷售小姐面對顧客的時候要微笑，這幾乎是人盡皆知的事情。然而，如果有個顧客因為親人剛剛去世，垂著頭、懷著悲痛的心情走了進來，而這時候銷售小姐卻以笑容迎面而來，對方作何感想呢？

作為一名銷售員，與顧客情緒同步，根據顧客的表情作相應變化，才能在短時間內與顧客建立親密關係，順利地進行銷售的下一個步驟。

我有一個王姓學員，在一家進口飲料公司擔任副總。有次，他們公司進口了一種新品牌的飲料，在擴大市場過程中，發現有一個開了10家連鎖店的潛在大客戶，而他很想把這款新產品銷售給這個顧客，於是就去拜訪這位老闆。

他前後去了好多次，每一次都不得其門而入。對方不是態度冷淡，就是敷衍了事。有一次，當他不知第幾度去拜訪這位顧客，才走進對方的辦公室，還來不及問候，對方就生氣地拍桌子說：「你怎麼又來了，我不是告訴過你，我很忙，沒有空嗎？你怎麼那麼煩人，趕快走吧，我沒時間理你。」

如果是你遇到了這種情況，會怎麼辦呢？你會不會覺得很沒面子，轉身就走呢？

當下，王副總雖然心裡不舒服，卻沒有轉身離去。他馬上就想到了「情緒同步」的策略，於是他立刻用和顧客幾乎一樣的語氣說：「陳董，我來拜訪了你好幾次，每次你都給我臉色看，我究竟做錯了什麼要這樣被你輕視？」

陳老闆沒料到對方這樣回答，當場僵住，一句話也說不出來。王副總抓住空隙馬上說：「每次我看到你的情緒都不是很好，你是不是有什麼煩悶心事？我們一起聊聊好嗎？或許我能幫你也說不定。」

聽他這麼說，陳老闆嘆了口氣，跌坐在椅子上，無力地說：「王先生，我最近實在是煩死了，你知道我是從事連鎖餐飲行業的，我好不容易花了很長時間，培訓了三個分店經理，準備開三家分店，一切準備就緒，沒想到上個月那三個分店經理卻讓我的競爭對手給搶走了。」

王副總聽了，拍拍他的臂膀說：「哎，陳董呀，你以為只有你才有這麼煩心的人事問題嗎？我也跟你一樣呀，你看看，我們最近不是有新的產品要上市嗎？前幾個月我好不容易用各種方法招來十幾個新的業務員，每天我早上加班，晚上也加班培訓他們，想把我們的市場打開，結果才一個多月的時間，十幾個新的業務員只剩五個，其他人都離職……」

接下來的幾分鐘，他們互相抱怨，現在的員工多麼難培養，人才多麼難找等等，講了十幾分鐘，最後，王副總站起來，又拍拍那位陳董的臂膀說：「陳董，好了，既然我們倆對於人事的問題都很頭痛，我們也先別談什麼生意的事了，正好我車上帶了一箱新的飲料，不管好喝不好喝，搬下來你先免費試一試，過兩個星期，等我們兩人都解決了人事問題後，我再來拜訪你。」

陳董聽了以後，就順口就接著說：「好吧！那你就先把飲料搬下來吧！」

這位王副總最後成功推銷給陳董了嗎？當然是談成了。但你有沒有發現，在整個談話的過程中，他從頭到尾都沒有推銷他的產品是如何的好，只是站在客戶的立場，花時間去理解這個老闆的處境與心情，達到了與顧客的情緒同步，因此不知不覺拉近兩人的距離，生意自然而然地就談成了。

2. 語調語速契合法

這個契合法，其實也就是上述的第三感：語調（聲音），只是這邊我們要談的著重在「契合」方面。前面提到，要能建立默契，你說話的速度及音調必須與對方一致。不過，這不是要你去模仿另一個人的說話方式，而是配合對方的習慣，修正自己的說話方式。這是在專業的 NLP（神經語言課程）中談到的「模仿」。

每個人講話的速度有快有慢，為了和顧客建立良好的親和關係，銷售員應盡量和顧客保持語調和語速上的同步。例如：顧客講話的速度非常慢，那麼你就不能講話速度特別快，因為當顧客跟不上你的節奏，他會覺得與你之間有堵看不見的高牆。如果你的顧客是個急性子，講話又快聲音又高，非常講求效率，那麼你就不能慢吞吞的，這樣顧客會對你失去耐心。

總之，對方講話速度很快，你也要很快；對方講話速度非常慢，你也要變得非常慢；對話講話語調很高，你也就很高；對方講話聲音很輕，你也要非常輕。

以我個人來說，我講話的速度較快，所以遇到講話速度和我同調的客戶，我可以非常放鬆地用習慣的語速與他交談，而且往往一拍即合，相談甚歡。但只要遇到講話比較慢的顧客，我就必須事先做好心理準備，在見面銷售前，先一些舒緩心情的音樂，或與步調從容的友人談談天，調整成另一套模式後，再去見這位顧客。因為一旦在步調較緩的顧客前過於急速，就會失去對方的信賴感。即使我已做好充足準備，在進行銷售的當下，我仍會隨時配合對方、調整自己講話的速度，讓對方感覺我與他的步調一致。

3. 呼吸方式頻率契合法

模仿呼吸，能讓雙方的頻率對上，就像慢跑當中能並肩同行一樣，讓對方感到親切，甚至把你當作十幾年的老朋友一樣。當你發現顧客與你對談時，心情平靜而愉快，無疑這時候你們的呼吸頻率幾乎是同步的。因此，當你感覺到雙方似乎不同一個調上，你可以注意對方肩膀的起伏，與他同時換氣。

這類契合法其實類似於「語調語速契合法」，也可以說是調整語調語速最好的方法。也就是說，當你無法調整自己的說話速度，或維持自己的語速穩定性，你可以先調節自己的呼吸。一旦呼吸與對方契合，語調、語速也就自然契合。

每個人每天都要呼吸，所以練習的最好方式，就是置身人群中。例如你正在排隊等候買電影票，身旁一定有正在聊天的人們，這時你就可以暗中觀察他們說話時的呼吸與脈動，一次練習與其中一人呼吸同速。公眾場所的人形形色色，可以找到多種顧客類型的範本。

4. 身體動作契合法

根據統計，在面對面的溝通中，文字的影響力只占 7%，語氣的影響力占 38%，而整體散發的身體語言，影響力卻高達 55%。在傳統的溝通訓練課程中，大家都著重在學習文字的修飾方法，例如：如何用比喻、類比等方法提升語言表達能力。其實無論再怎麼努力，文字本身的力量只有 7%，努力了半天，卻只換來事倍功半的效果。

而身體語言恰恰相反。身體語言是指利用自己的身體來進行溝通的一種方式，包括目光、表情、姿勢、穿著、修飾、體態等非言語性的姿勢信號，它在人際溝通中有著口頭語言所無法替代的作用。很多時候，身體語言就足以表達所有的信息，語言反倒是多餘的。

為什麼我在這裡要特別強調身體語言呢？

NLP 認為身體語言的訊息，大多是由潛意識來接收。語言表達的話語，多是由意識來獲取的，而身體語言的表達，常常能不被對方的意識所阻擋，進而直達對方的潛意識裡。

所以，身體語言的感染力要遠遠超過你的語言感染力。也可以說，身體傳達出來的訊息，比語言傳達出來的更為可信。因為它是一種無意識、深層次的訊息表達方式，身體語言代表著說話者的本意，不管說話者是否清楚意識到這個訊息。

很多銷售員在溝通的時候，說的話是一種意思，但是他的身體語言卻無意中表達了另外一種意思。雖然不是每個人都清楚瞭解身體語言，但肢體表達的錯誤意思一旦被顧客意識到，便會造成溝通上的誤會，或使溝通無法起到應有的效果。所以，銷售員一定要懂得運用身體語言，以充分發揮身體語言的魅力。

要使用自然而然的身體語言又不被他人誤解，需要一定程度的歷練，無法三兩天速成。但銷售員若擔心手足失措，可以模仿顧客一些動作，以減低自己無所適從的慌張感。比方說對方經常撥頭髮，你也可以做類似的動作；對方經常整整領帶，你也可以拉拉衣服；對方經常推推眼鏡，即使你不戴眼鏡，你也可以摸摸鼻子。適時模仿眼前這個人的習慣動作，對方就會把你當做「自己人」。

或許有人認為這種模仿他人姿勢、表情的方式有點愚蠢，而且似乎很做作又沒有誠意，不是一種自然的表現。但根據近代愛瑞克森催眠學派創始人——愛瑞克森（Erickson）博士所做的各種試驗，證明了這種理論在溝通中非常有幫助，在現實生活中也證明這的確是一種有效的溝通模式。

如果你不相信這種方式的有效性，可以試著找一個陌生人進行自由交談。你在交談過程中，注意觀察並不著痕跡地模仿對方一切行為，比如他的表情、姿勢、呼吸頻率等，很快你就會發現這個陌生人對你產生好感，他會十分樂意與你進行交流，而且非常願意與你成為朋友。因為當你模仿了他的這些行為以後，你們雖然很陌生，但卻彷彿存在著共同點、在茫茫人海中有著共同語言，這會讓對方驚嘆：「難道是不可思議的緣分！」

其實，這只是「鏡面映像」所起的作用，而且我們早就常在無意識的情況下，對身邊的人進行種種模仿。一般所說的夫妻臉，還有孩子的行為跟父母非常相像等等，這些都是鏡面映像所產生的作用。

但在應用「鏡面映像」的過程時，也是有訣竅，否則一個不小心會弄巧成拙。

記得有一次我去找一位三年不見的朋友，約她在牛排店碰面。由於剛剛學到「鏡面映象」理論，想來實驗看看，所以我開始模仿她，她抓頭我馬上抓頭，她點柳橙汁我也點柳橙汁，她點牛排八分熟，我也點八分熟。就這樣不斷地模仿她，經過半小時後，我問她這幾年沒見，有沒有覺得我哪裡有改變？她說有，覺得我很像神經病，怎麼一直模仿她。

後來我才領悟到，「契合」並不代表「同時」，如果對方一有動作你立刻模仿，只會讓對方不舒服，應該要不著痕跡，先靜靜觀察，隔個 2 ～ 3 分鐘再模仿都不要緊，不可操之過急，否則可能就會有跟我一樣的慘況。另外，千萬別去模仿他人生理上的缺陷，以免讓人覺得你在嘲諷他。

作為一名銷售員，要恰到好處地模仿你的顧客，就必須具備敏銳的觀察力及變化彈性。與此同時，這種鏡面映像的能力，還需要進行大量的練習才行。

5. 語言用字契合法

雖然與顧客面對面溝通過程中，文字的影響力低於語氣的影響力，但還是有其重要性。上段提到了「身體動作契合法」，語言也可以這樣使用，例如重複對方說過的話，或自然地使用他的口頭禪也行。

每個人講話時多少都帶有一些口頭禪，比如：「真是的！」「太棒了！」有些人習慣以「嗯」作為發語詞，這時候，你若將對方的習慣用字融入你的對話之中，就可以不自覺地拉進雙方距離。

心理學家羅傑斯曾提出一種理論——當重複對方的語言，抑或他人話中的重點，就能因為與對方「異口同聲」而獲得信賴。例如當對方說：「我感到很冷！」你可以說：「你感到很冷，是嗎？」如果對方在抱怨孩子調皮時說：「我家的小鬼真是愛搗蛋……」你千萬別說：「您的小孩……」而是順著他的話說：「這小鬼真是的！」如果對方說：「這問題很棘手……」你可別說：「這事情挺難搞的。」雖然意思一樣，但不是使用相同的語言，就無法達成「異口同聲」的親和力效果。

使用「異口同聲」的好處在於，可以使對方知道你在專心聽他講話，透過「重複」也能確認對方所表達的想法，令雙方產生「我們是同一國」的心情，如此自然有助於建立親和力，也較容易獲得對方的承諾。

6. 價值觀及規則契合法

俗話說：「物以類聚，人以群分。」

NLP 對「吸引」的研究表明，人之所以群分，是因為具有相同或相似價值觀的人容易相互吸引；反之，具有不同價值觀的人容易發生衝突。研究還發現，人與人之間的衝突，85％來源於價值觀的衝突。所以，如果你要真正地、全方位進入對方的頻道，進入對方的心靈，你就必須先認同對方的價值觀和規則。

每個人的價值觀本來就有所不同，因此銷售員在銷售產品的過程中，一定要有同理心，尤其要瞭解顧客的價值觀念，因為不同的顧客對同一種產品必定有著不同的價值追求。

比如說，一個追求藝術價值的顧客，他看重的是藝術品的「藝術價值」；但是對一個虛榮心很重的人，他可能看重的是擁有藝術品後較有「面子」。這兩者沒有對錯，只有你能不能抓到他認同的價值觀。

從模仿到引導，確認默契度

上述的「五感」訓練，說了許多模仿的訣竅。但在銷售過程中，除了與顧客同速，更重要的是下一步，也就是引導對方跟隨你的動作。

如果你與客戶面對面坐著，你們兩人動作一樣，此時你就可以趁此機會引導對方，而這也是主動銷售的開始，顯示客戶現在是否能聽進去你所做的銷售建議？如果你的客戶順從你的引導，就表示你已經在潛意識上成功建立親和力，隨時都可以開始銷售。

首先，可以運用說話的語氣、速度、或是聲音大小，引導對方。例如：你稍稍加快說話的速度，或是讓說話的語氣更熱情，當你注意到客戶開始順從你的引導，聲音也變得較為熱切，甚至速度更快，音調更高，這時你就可以確定自己已經成功建立默契。當默契建立，你只要做出最簡單的動作，對方也會做出跟你相同的動作，這代表客戶已經順從你的引導。

舉例來說，如果你用右手抓抓頭髮，而客戶也是；如果你伸手拿起水杯，然後客戶也拿起自己的杯子，或是拿起一支筆或餐巾，就表示你已經成功引導對方，可以繼續進行至下一個階段的銷售了。反之，如果客戶沒有跟隨你的引導，就得重新開始建立默契。

總之，當你將五感銷售、六種契合法運用得爐火純青、再自然不過，一定會擁有超強親和力，讓任何人看到你都喜歡你，而且非常樂意與你成交。

15分鐘成交note

在日常生活中，尋找各種機會，訓練自己的五感。請寫上完成的日期。

	練習內容	完成日期
第一感	對著鏡子確認「注視區」	
	練習 2 秒的視線交會	
	練習「認真傾聽」的眼神	
	練習「同理心」的眼神	
	練習「有魅力」的眼神	
第二感	對自己微笑	
	對家人微笑	
	練習溫暖地笑	
	練習開懷地笑	
	練習自信地笑	

第三感	練習溫暖的語氣	
	練習莊重、低沉的嗓音	
	練習沉默	
	練習說話不要有贅字	
	準備一份成交對白草稿	
第四感	準備對的問題與問候	
	認真傾聽一個人說話	
	讚美一個人	
	肯定一個人的某項行為	
	傾聽＋讚美一個人	
第五感	找一個人，模仿情緒同調	
	模仿一個人的語調	
	模仿呼吸同調	
	模仿他人動作	
	模仿用詞與想法	

銷售過程中，最要推銷的產品是什麼？答案是：你自己。所以，銷售任何產品之前，先適當地運用「模仿」加上「引導」，建立親和力與共識，讓顧客接受你、喜歡你，這樣一來，離成交就不遠了。

用對話術，扭轉人生

見面，是一決勝負的戰場，
30 秒無敵開場、鋪設神奇問句、
主導氣氛脈流……
當雙方沉浸在
一場愉悅的交談中，
你，就成交了！

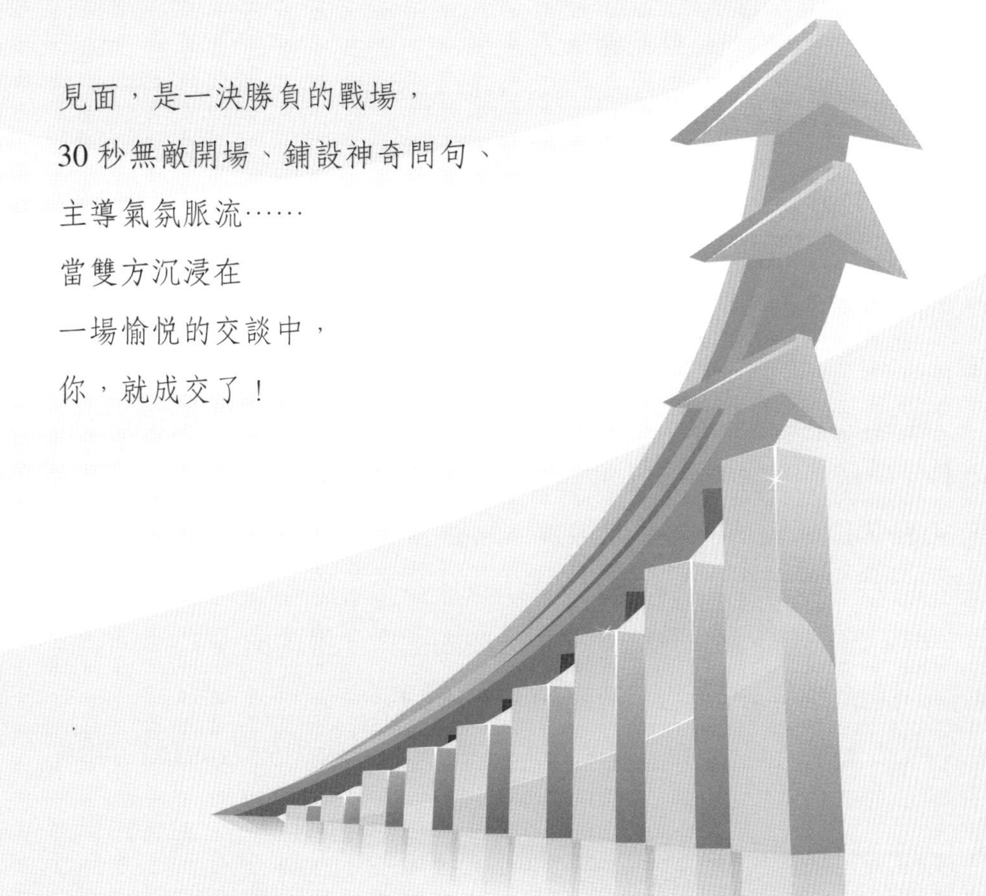

unit 01 30 秒無敵開場白

一張訂單能否成交，影響的層面很多，但是一個優秀的業務員，卻會聰明使用說話技巧，讓整個銷售過程「借力使力不費力」。接下來將提供各種聰明話術，只要針對顧客的特性靈活運用，一定可以輕鬆讓訂單手到擒來，從此扭轉人生。

根據研究，一個人的持續專注力只有 30 秒。你可以簡單做個測試：環視你的房間，把注意力集中在一盞燈上，不到 30 秒，你的注意力就會轉移到其他的東西上。如果這盞燈會跳動或者發出聲音，也許能重新引起你的注意。但是在靜止不動或沒有任何變化的情況下，它就無法繼續吸引你，無法讓你的目光集中，這就是「30 秒注意力原理」。

就是因為如此，幾乎所有的廣播或電視廣告，其播放的長度都是 30 秒。同樣的道理，一個人在聽你說話時，他的注意力持續時間也只有 30 秒，這就表示，如果你想讓你的顧客保持興趣和專注力，那麼每隔 30 秒。你的談話內容就必須有所變化。

再強調一次：如果你想要在短時間內把自己推銷出去，那麼你引起對方注意力的時間，也只有短短的 30 秒！

因此，每一個優秀的業務員，都應該準備吸引對方的精彩開場白，只要你能成功在30秒內吸引他的注意力，那麼在接下來的銷售過程中，顧客會因為相信你的專業，而認真且非常渴望地想要聽你介紹下去。好的開場白，絕對會讓你在整個銷售過程中事半功倍。

在銷售過程中，有時不是顧客不想購買你的商品，而是你一開始就沒有吸引他的目光，所以一個好的開場白非常重要。以下介紹七種30秒無敵開場白。

1. 終極利益法

此種開場白，就是一開口就清楚「破題」，告訴顧客這項產品能帶給他的利益及好處是什麼。如果再搭配採用「問句」，更能讓顧客產生好奇心與期待感。例如：

- 陳先生，您應該有興趣瞭解一種創造業績的方法，它已經在全世界的成功人士身上被證明了，絕對能夠幫助您在公司的業績，在未來半年內提升50%。這麼有效的方法，您想不想知道？
- 林先生，假如我有一種方法，可以幫助您的收入提高三倍以上，已經有許多人證言絕對迅速有效，您願不願意花十分鐘來瞭解一下？
- 您對一種已經證實能夠在六個月當中，增加銷售業績20%～30%的方法感興趣嗎？

根據我的經驗，大部分的顧客聽完以後，都會很有興趣詢問究竟是什麼方法？當你勾起他們的興趣，自然很容易就能提高他們的注意力。

2. 道具開場法

有個銷售安全玻璃的業務員，業績一直都維持在北美區域的第一名。某次，在一個頒獎大會上，主持人問他業績之所以能夠持續維持頂尖，是不是有什麼獨特的方法？

這位玻璃業務員笑了笑，說：「我總是以一句簡單的問句作為開場，然後展示我的產品特色。就這樣而已。」

主持人很好奇，問：「聽起來沒什麼特別，但你的業績又奇蹟似的好，到底是怎麼做到的？」

業務員回答：「每次我去拜訪顧客，我的皮箱內一定放了許多15平方厘米的安全玻璃，並且隨身攜帶一個錘子。我會問顧客：『您有沒有看過一種破了但不會碎的玻璃？』顧客一般都回覆：『沒有！』或『怎麼可能？』。這時，我就把玻璃展示在他們面前，拿出錘子用力一敲。看到這一幕顧客都當場嚇一跳。但精彩的還在後面，當他們發現玻璃竟然沒有碎裂，就會開始『天啊！天啊！』的狂叫，那個表情才精彩呢！等到他們的情緒一整個被我帶動之後，我馬上順勢問：『你想買多少？』」

可想而知，當場成交的機率幾乎達到百分之百，而且整個成交過程花費不到一分鐘的時間。

在他分享這個經驗之後，所有銷售安全玻璃的業務員在出門拜訪顧客時，也會隨身攜帶安全玻璃樣品及一個小錘子，但一段時間過後，這個業務員仍舊保持全公司業績第一名。

於是，在另一場頒獎大會上，主持人再次問他：「現在別人同樣在做跟你一樣的事，可是為什麼你的業績，仍然可以維持第一呢？」

他笑笑說：「我的祕訣很簡單，因為我又想到跟其他業務員不一樣的方法，那就是每當我問顧客你相不相信安全玻璃，而顧客回答不相信時，我就把玻璃拿到他們面前，並且把錘子交給他們，讓他們親自來砸玻璃。」

所以，當你說破嘴還不能讓顧客相信產品有多好時，不如善用道具，讓道具幫你說話。而且切記：要不斷改變作法。

3. 驚人事實開場法

想要迅速引起顧客的注意力，那麼你一開口就要語出驚人，說出當下時勢議題，以及最新統計數據，讓顧客驚覺：「天啊，真的有這麼恐怖嗎？如果再繼續這樣下去，搞不好下一個就是我了。」這種運用事實來佐證自己的論點，就是「驚人事實開場法」。例如：

- 你知道嗎，根據統計，台灣的離婚率每年都在成長，如果繼續這樣下去，十五年後的離婚率，將會從現在的四分之一成長到二分之一，也就是每兩對夫妻就有一對面臨離婚的命運。你想知道如何維持夫妻關係的祕訣嗎？
- 你知道嗎，經過衛生福利部統計，台灣的十大死因當中，癌症已經連續 28 年高居榜首，國人得癌症的比例，從十幾年前每 4 人有 1 人罹癌，變成每 3 人中有 1 人罹癌，美國的報告更顯示每 2 人有 1 人得到癌症。所以，為了自己和家人的健康，你想不想知道一個很棒的方法，讓自己與家人免於癌症的威脅？

4. 名人名句開場法

把有名望的人所說過的話用來開場，亦即俗稱的「光環效應」，也是一種引人注意的方法，畢竟名人說過的話具有相當大的力量，也能提高顧客的信服力。例如華人首富李嘉誠曾說：「世界上有三種錢非常奧妙，你投資得愈多，賺得愈多，這三種錢就是：一、投資自己的腦袋；二、孝順父母的錢；三、回饋社會的錢。」當你引用完這句話，你可以馬上接著說：「所以我現在就要跟你分享一個資訊，它可以教你如何讓投資的錢愈滾愈大。」

5. 免費開場法

在購買物品時，人們最想聽到的兩個字就是「免費」。畢竟花錢會有一點心痛。對於免費的東西則容易眼睛一亮。因此拿「免費」當作開場白，絕對會收到意想不到的效果。例如：

- 如果讀完這本書，發現對您沒有很大的幫助，可以把書退還給我，等於讓您「免費試閱」，您覺得這樣是不是很划算？
- 你想不想知道「免費」環遊世界的方法，而且只要花你短短十分鐘的時間？
- 我們即將舉辦的課程是「如何成為銷售冠軍」，這個課程的原價是 18,800 元，但是現在有一個「免費」上課的方案，你想不想知道呢？
- 我想要跟你分享一個方法，不但可以讓你「免費」使用產品，更可以賺大錢喔！

6. 懸疑開場法

明達是一家保險公司的資深業務員，在保險公司做了 6 年。有天明達去拜訪一家公司的總經理，要向他銷售退休金保險。

到達該公司後，門口的接待小姐抬頭看著他，問他說：「先生，有何貴事？」

「我叫明達，想拜訪貴公司總經理歐陽先生。」明達很客氣地向對方表達來意。

「先生，你是做哪一行生意的？」她緊追不捨地問。

此時，明達很有技巧地說：「小姐，請您告訴歐陽先生，我是來推銷鈔票的。」

說完這句話，明達就保持沉默，讓她瞭解自己不願意再回答任何問題。

這位接待小姐看看明達，目光中流露出「又是一個神經病」的意思，但她還是進去向總經理報告：「有位明達先生要拜訪您，他說他是來推銷鈔票的。」

一會兒，那位接待小姐出來了，並對明達說：「我們總經理請你進去。」

這個案例說明了，明達之所以順利獲得總經理的會面，就是因為他成功運用懸疑性話術，開啟總經理的好奇心。

7. 預先框示法

預先框示法的使用目的，是在你向顧客進行產品介紹之前，先解除掉顧客內心的某些抗拒，同時讓顧客敞開心門來聽你的產品介紹。

在一般銷售過程中，顧客最先產生的抗拒，就是在你們初次見面的那個時刻。因為彼此不熟悉，而顧客在不知道你的來意之前，會先在心裡築起一道防線，告訴自己不想買任何東西，任何人都別想從他的口袋裡把他的鈔票掏出來。

也就是說，銷售員和顧客見面的一剎那，其實就已經產生溝通障礙。

因此，在你第一次與顧客見面時，你可以使用預先框示法，也就是告訴他：「某某先生（小姐），我這次來拜訪您的目的，並不是想要賣您什麼東西，只是讓您瞭解，為什麼有十萬個顧客願意購買我們的產品，而且回購率高達九成。同時讓您瞭解，這些產品能夠為您帶來哪些利益和好處，我只需要花您十分鐘左右的時間來解說，等我介紹完了以後，我相信您完全有能力來判斷，哪些東西對您來說是適合的。」

以上這段話，透露了兩個訊息：

第一，告訴你的顧客，已經有成千上萬的人來購買你們的產品，而且對你們的產品非常滿意。

第二，你並不會強迫他購買產品，你所做的只是提供他某些訊息，當你介紹完產品之後，他可以自己決定這些東西是不是對他有幫助。而且最重要的是，最終決定權在他的身上，而不是在於你。

這樣的開場白，通常能讓顧客比較不會有購買壓力，願意卸下心防、毫無成見地聽你介紹產品與服務。而顧客在沒有壓力之下，才會以比較客觀的方式來認識這項產品，只要他認同了，自然容易成交。我自己也常常使用這方式讓顧客輕鬆聆聽，最終歡喜成交。

上述七種「30 秒無敵開場白」，可以一次使用一種，但交錯使用也無妨。重要的是，你要事先做好萬全的準備，除了擬定完美的「開場稿」，也要預想顧客可能的回應，然後漂亮地應對他所提出的任何問題或意見。祝你運籌帷幄，漂亮出擊！

15分鐘成交note

1. 為你的產品，設計七種「符合你說話方式」的無敵開場白吧！

(1)終極利益法：________________________________

____

(2)道具開場法：________________________________

____

(3)驚人事實開場法：________________________________

____

(4)名人名句開場法：________________________________

____

(5)免費開場法：________________________________

____

(6)懸疑開場法：________________________________

____

(7)預先框示法：________________________________

____

2. 將你的這段開場白說給朋友聽，詢問他們這段開場白是否成功引起他們的興趣？

	成功（✓）	失敗（✓）	改進方法
(1)終極利益法			
(2)道具開場法			
(3)驚人事實開場法			
(4)名人名句開場法			
(5)免費開場法			
(6)懸疑開場法			
(7)預先框示法			

如果當你說完30秒的開場白，顧客卻面無表情無動於衷，沒有顯露出任何好奇心或興趣，這就表示你的開場白無效，這時就要趕快再設計另一個開場白，想辦法引起顧客的興趣，唯有掌握先機，才能掌握商機。

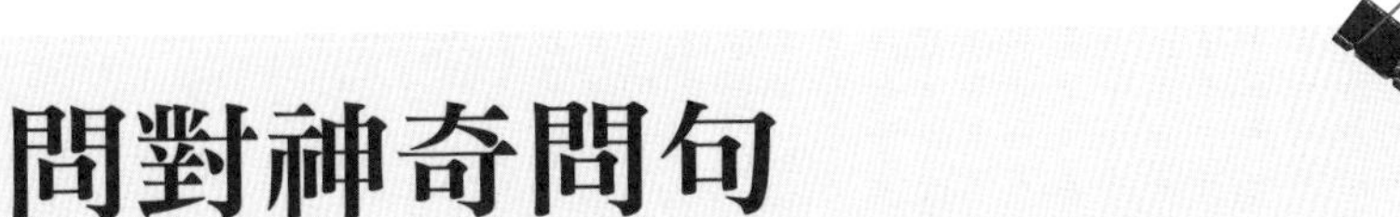

問對神奇問句

榮獲世界金氏記錄的廣播與電視節目主持人賴瑞金，被譽為「最會問問題的人」。他訪問過的人遍及政治、科學、藝術領域，這位主持人不見得什麼都懂，卻能以簡單的問題，問出驚人的答案。

有一次他準備訪問「氫彈之父」艾德華・泰勒。

進攝影棚前，艾德華問賴瑞金：「你對物理學懂多少？」

賴瑞金回答：「一竅不通。」

艾德華顯然很吃驚：「那你要如何訪問我？」

賴瑞金卻要他放輕鬆，一切看著辦，如果過程不開心，隨時可以走人沒關係。

結果賴瑞金的第一個問題，就讓艾德華眼睛發亮。他問：「為什麼學生這麼怕物理？學校物理為什麼要教得這麼難？」

稱霸電視界 25 年的名嘴賴瑞金為我們上了一課：問句不用難，但要「會問問題」，問得讓對方「很想回答」。

除了會問別人，也要懂得如何問自己。問對別人問題，可以交到好友、可以順利成交；問對自己問題，則能改變負面思維，轉向成功人生。

問什麼問題，決定你的人生

「思考」是一場自己內心「問」與「答」的過程。問在前，答在後，要想改變自己的人生，必須正確向自己提問。

窮人總是問自己：「我為什麼付不起？」於是他的思維便執著在尋找「付不起」的原因，愈找愈覺得自卑、愈沒有信心，結果愈來愈「付不起」。

富人卻總是問自己：「我要如何才付得起？」因此富人不斷去尋找「付得起」的方法，漸漸地，他就愈來愈「付得起」了。

因此，改變提問的習慣，就能得到更有品質的答案。

想減肥的人，如果問：「為什麼我這麼胖？」答案就會環繞在：「因為我爸媽胖，這是遺傳！」「因為愛吃，胃口好！」「我就是懶得運動，所以胖！」而後思路便會導向：「好啦！我天生就長得胖。」「我呼吸會胖，喝水也會胖。」想到這裡，怎麼可能還有信心減肥！

原因出在：你問了一個錯誤的問題。

如果問題改變一下：「我怎麼樣才能像名模一樣有性感線條呢？」這個問題會促使你去想辦法使自己更苗條，唯有如此，才能得到對結果有效的答案。

如果你還進一步提問：「我要怎麼樣才能夠在三個月內變得更苗條？」你會去查找名模保持身材的方法，並運用這些方法。於是你開始像她們一樣每餐少吃一點，或者晚上只吃水果蔬菜。

這就是問句的魔力。

直指核心的逼問

世界上最高明的問句，能在瞬間改變一個人的一生。

我的老師安東尼．羅賓曾在一次演講會上，請台下一位相當不顯眼的女孩子上台。這位女性身高不到 160 公分，體重超過 100 公斤，皮膚黝黑，看起來非常沒有自信。

安東尼．羅賓第一句話先問：「你一定不是很快樂，對吧？」

她回答：「是的！」

他又問 :「你是否有酗酒的習慣？」

女孩遲疑了一會兒，含淚說：「是的！」

才兩個提問，已經問得女孩掉下眼淚。

原來她一年多前被男友拋棄，於是一直折磨自己，拼命吃東西來轉移痛苦，結果痛苦並沒有解除，更因不斷發胖，愈發沒有自信，甚至產生自殺念頭。

她表示：「我想死已經很久了！」

安東尼．羅賓問她：「你一定要自殺嗎？」

她回答：「是的！」

安東尼：「你曾經去過太平間嗎？」

她回答：「我沒有去過。」

安東尼：「你雖然沒去過太平間，但你一定可以想像停在太平間的死人是什麼狀況。」

他接著一連串地發問：「他們的屍體是不是冰涼的？」

「為什麼是冰涼的？因為沒有了生命是不是？」

「那麼請問，這些沒有生命的屍體還有痛苦嗎？」

女孩回答：「沒有。」

安東尼：「死人才沒有痛苦。所以你的人生有痛苦比較好？還是沒痛苦比較好？」

女孩顯然心中相當糾結，但還是勉強說出：「好像還是有痛苦比較好，因為這代表活著。」

安東尼：「那麼你是要活還是要死？」

女孩聽完嚎啕大哭，接著哽咽地說：「我要好好活著，我要減肥，我要重新開始我的人生。」

就在大眾面前的這樣幾個提問，幫助這個女孩改變了她一生的命運。這就是安東尼．羅賓的高明問句。

安東尼．羅賓的課程當中，最讓人震撼的就是「走火大會」。每個學員都被要求赤著腳，走過攝氏 600 度以上的火紅木炭。

我在 2009 年也曾經是站在燒紅木炭前的一個學員，當時的心情，說不害怕是騙人的。

記得走火大會一開始，麥克風響起安東尼．羅賓的提問：「你想在這次的過火經驗中得到什麼？」

我心中浮現：「我要突破自我，安全走過去。」

安東尼．羅賓又問：「等一下你走過去整段過程中，最糟的狀況是什麼？」

我想了想回答道：「我的腳可能會燙傷。」

安東尼彷彿猜到了大家的普遍心理：「除了腳燙傷以外，還有更糟的狀況？」

這時我心中浮現恐懼：「如果我跌倒，可能會全身燙傷甚至毀容。」

安東尼：「除了毀容或全身燙傷以外，還有更糟的狀況？」

我認真一想：「好像沒有了。」

他又問：「走過去，對你而言最好的收穫是什麼？」

我毫不猶豫地對自己說：「如果我能安全走過，代表突破自我極限，我將獲得一個戰勝恐懼的體驗。」

安東尼：「還有更好的收穫嗎？」

我堅定地說：「我可以將這段不可思議的過程和別人分享，幫助別人克服恐懼，活出更精彩的人生。」

安東尼．羅賓說：「等一下過火時，絕對不要專注在腳底，你一心要想的，是你的目標、是你要改變自己的決心，想像達成目標的那一刻，心情放輕鬆……」

突然間，我瞭解到了自己要的是什麼：我要突破自我，創造新的生命體驗。

彷彿看穿了我的心思——也許也是全場所有人的心思一般，安東尼．羅賓對著全場問：「你要的是什麼？」

我回答：「我要更好的人生。」

安東尼．羅賓的聲音又在我耳邊響起：「對於你要的，有沒有百分之百的決心？」

安東尼．羅賓再問：「有沒有百分之百的承諾？」

我們大聲回答：「有！」

「好！那你已經準備好了，是行動的時候了！」

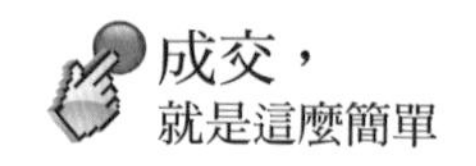

我前方是一位瘦小的女士，在安東尼・羅賓詢問的過程中，她始終面色凝重，異常緊張。當老師喊「行動！」的時候，她還楞在原地，直到一旁的助教大喊：「趕快行動！」她帶著緊張與不安走過了炭火，邊走邊看自己的腳有沒有被燙傷。後來我才知道，因為她把注意力放在了自己有可能被燙傷上，沒有按照正確的方法走，她真的受傷了，被燙了好幾個水泡。

輪到我過火時，看到前方女士猶豫不決的恐懼樣子，我心裡更加害怕了。但是安東尼・羅賓的聲音不斷在我心中響起：

「等一下你走過去整段過程中，最糟的狀況是什麼？」

「除了這個以外，還有更糟的狀況？」

「走過去，對你而言最好的收穫是什麼？」

「你要的是什麼？」

「對於你要的，有沒有百分之百的決心？」

「有沒有百分之百的承諾？」

我要的是自我突破、我要相信自己，堅定的一念從胸中升起，我一鼓作氣，想著目標達成那一刻的喜悅，於是我放鬆地一步步走過火床。

結果雙腳真的感覺不到疼痛，走完這一段路，我抬起腳板，絲毫沒有受傷。我做到了！

在安東尼・羅賓的課堂上，我學習到了「帶給人信心與勇氣」的問句。

如何有效發問？

要如何使用有效的問句？首先，你要先瞭解問句的類型。

一般來說，問句有「封閉式問句」與「開放式問句」兩種。前者多用在「自己心中已經有答案」、「只待確認」的情況下，故直接提供選項讓對方選擇；後者則用在「想要多瞭解對方」、「希望對方思考」的情況下，因此問完以後，需耐心傾聽對方說明。

簡單用個比喻：「封閉式問句」就像是非題、選擇題；「開放式問句」則是問答題、申論題。

當你想推薦一本書給同事時，一定會使用封閉式問句。例如：「芳芳，我昨天在網路上買了一本書，很不錯，想不想看一下？」或是你需要幫忙時會說：「阿草，我需要你幫個忙，可以嗎？」確定一些事實的時候，也適宜用封閉式提問：「你確定昨天把這份傳真發出去了？」「那個客戶只是不喜歡我們產品的外觀嗎？」「考慮清楚哦！到底要不要增加人手？」「你真的有信心完成下半年的銷售目標嗎？」

順著封閉式提問，對方會以「好啊！」「可以！」「沒問題！」「我考慮一下！」「可能沒辦法！」等明確性的答案回覆。

開放式問句通常使用「什麼」、「如何」、「為什麼」、「怎麼樣」等詞語來發問，比起封閉式提問，讓對方能有更廣泛回答的空間。例如：「小王，看你今天愁眉苦臉的，發生了什麼事？」「小美，展示會準備得怎麼樣了？」「如果我們跟他合作，有哪些好處？」等等。這樣的提問通常不是一兩句話可以回答完畢，因此你一定是準備好要傾聽對方，才使用如此問句。

類似的問題，因為目的不同，會採用不同的方法詢問：

狀況	問法	問句	目的
工作進度延遲	封閉式	那個案子是不是無法準時完成？	確認完成時間
	開放式	那個案子無法準時完成的理由是什麼呢？	希望對方檢討
對產品的意見	封閉式	你覺得這個產品好嗎？	確認對方喜好
	開放式	這產品有哪些地方對你而言很好？	讓對方思考意義
改變人生	封閉式	你想要讓人生更好嗎？	確認對方需求
	開放式	你想要如何改變你的人生呢？	讓對方思考方法
遲到	封閉式	你知道自己遲到了嗎？	質問對方錯誤
	開放式	你若要準時到公司需要幾點起床、怎麼搭車呢？	引導對方改進

有些時候，使用「封閉式問句」會讓人覺得壓迫，尤其是當對方犯錯時（如上表的「遲到」狀況）。因為以結論為導向的封閉式問句，剝奪了對方的表達機會，難免讓人產生被審問的感覺。但僅僅使用「開放式問句」，可能會淪為漫談而無法切中要害。把封閉式提問和開放式提問結合起來、交錯使用，才是交流溝通的最佳選擇。

絕對不要發問的 20 個問句

問對問題可以增加自信，問錯問題則會摧毀自己。身為一個銷售員，以下會阻礙你成功的「20大糟糕問句」，絕對不能說出口。

為什麼我那麼不快樂？	為什麼我還沒成功？
為什麼我的客戶都沒有錢？	為什麼大家都不喜歡我？
為什麼都沒有人跟我合作？	為什麼別人都不重視我？
為什麼我這麼倒霉？	為什麼我比別人認真卻沒有成就？
為什麼我老是失敗？	為什麼邀約客戶都不來？
為什麼我那麼窮？	為什麼別人業績比我好？
為什麼我那麼笨？	為什麼我那麼孤單？
為什麼我的外表不盡人意？	為什麼運氣那麼差？
為什麼我什麼都不如人？	為什麼我的客戶對產品沒有興趣？
為什麼我每個月都沒達到業績？	為什麼我的成交技巧那麼差？

一個爛問句可以摧毀一個人；一個好問句則可以挽救一個人。

某次，我因為熬夜，臉色不是太好。到公司後，先是門口警衛問：「你臉色怎麼這麼差？」我還不以為意。上樓後，櫃台小姐又問：「你臉色好差，生病了嗎？」我開始覺得好像有點不自在。接著大家都聽說我面色蒼白，一一來詢問我：「你的身體是不是不舒服？」「你臉紅紅的，好像發燒了。」「要不要回家休息？」本來我並未覺得有任何不適，被大家這麼一說，突然間頭暈目眩起來。

其實我既沒有生病，也沒有發燒，但這些負面問句好像激發了我的病毒，讓我感到不舒服，真是可怕的問句力量！

但我也聽一位女士說過，她曾經一連收到七八個正面的問句：「你今天氣色真好，有什麼開心的事嗎？」「你看起來很漂亮！最近發生什麼好事？」「你的皮膚看起來很有光澤，最近用什麼品牌的保養品？」「你的氣質愈來愈好了！最近讀了什麼書？」「你看起來很幸福的樣子，有新戀情嗎？」這些問句讓她整天精神抖擻，連看鏡子都彷彿覺得：自己真的變漂亮了。

這也是問句的力量，不過，是正面加分的力量。

修改首要問句

既然好的問句能帶來信心、帶來勇氣、帶來正面能量，我們一定要從每天一開始，就給予周遭的人「好的問句」。如此一來，大家也會習慣以「好的問句」來回應你。

世界第一的潛能開發大師安東尼・羅賓曾說：「『首要問句』導致了所有事情發展的結果。想改變過去，就要修改『首要問句』。」

但問問題，也是有技巧的。安東尼・羅賓提供的祕訣就是：少用「Why（為什麼）」，多用「How（如何）」，如果要用「Why」，請務必記住，要「把答案放在問句裡」。將想要的結果直接放在問題裡，句子的結構和思考方向就變成了：「我想要這樣的結果，那麼我應該怎麼做？」

結合「改變首要問句」、「把答案放在問句裡」兩點，簡單地說，你在與人交談的第一句話，就要問對問題。而所有負面的句子，都可以調整為正面問法，例如下表。

原來句子	改變問句
為什麼我的人生無法改變？	我要如何像魔術般改變一生？我該怎麼做？
我什麼時候才會月入百萬？	我要怎麼做可以在五年內月入百萬？

為什麼她不喜歡我？	要如何讓身材火辣的美女瘋狂地愛上我？
為什麼我很窮？	我要如何學到賺錢方法？
為什麼大家都不喜歡我？	如果我是萬人迷，我會怎麼穿、如何坐、如何笑？
為什麼我每個月都沒達到業績？	我要怎麼做可以在這個月成為全台灣業績 NO.1 ？

問答案是「yes」的問題

金克拉在某年受邀到格林貝爾市演講，他提前三週寫信給當地一家旅館預定客房，並收到了確認回覆。因此他安心地出發，出發前也沒有再次致電確認。可是就在踏入旅館大廳的瞬間，他覺察到情況不妙。偌大的跑馬燈閃爍著：「敬致旅客，9 月 12 日至 16 日適逢格林貝爾市『紡織品週』系列活動，房間已全數客滿，未在一年前預訂房間的房客，敬請見諒。」

金克拉走近服務台，說明自己已在三週前訂房。

服務小姐禮貌地說：「先生，不好意思，我們已在大廳公告，一年前就預定的旅客才有房間。」

「但我三週前有寫信過來，還打過電話，請查一下記錄。」金克拉也客氣地回覆。

服務生快速查了一下訂房記錄，然後露出莫可奈何的表情：「金克拉先生，您訂的是 9 月 11 日的房間，也就是昨天的房間，我不得不說……。」

即使明白是自己的疏忽，金克拉還是立即打斷了她：「請等一下，能否先回答我兩個問題？」金克拉快速地搶時間發言。

「好的，先生請說。」服務生耐心地回覆。

「第一個問題，你是否認為自己是個真正誠實、說到做到的人？」

「嗯，身為旅館服務人員，那是自然的！」

「第二個問題，如果現在美國總統從門外走進來，站在你的正前方說『請給我一間房』，請問你是不是會為他準備一個房間呢？」

「嘿！金克拉先生，如果美國總統來到這裡，當然，我會立即為他準備一個房間。」

「那就對了！你我都是真正誠實的人，也都講真話。你明白我的意思，今天總統並沒有來，所以，請你讓我使用他的房間吧！」

那天晚上，金克拉如願住進了旅館。

金克拉所使用的策略，就是提出兩個讓對方回答「yes（是）」的問題，然後再使用他的機智與幽默，讓服務生接受他的要求。

並非每個人都有如金克拉一般機智聰慧，但依照心理學家的統計，如果你能夠持續問對方六個問題而讓對方連續回答六個「yes」，那麼當第七個問題或要求被提出，對方也會很自然地回答「yes」。這就是「7 ＋ 1 問法」。

連續 13 年蟬聯世界首富的比爾．蓋茲，也是一個問問題高手，他問問題的模式就是典型的「7 ＋ 1」問法。

比爾．蓋茲想把產品打進銀行業時，曾這樣說服一家金融機構的董事長：

「您相信有一天大多數的家庭都會擁有電腦嗎？」

「您相信有朝一日家庭電腦會像電話或電視一樣普及嗎？」

「您相信將來人們每天都要在他們的大多數工作中使用電腦嗎？」

「您相信有一天大部分的企業與家庭都會與全球網路建立連線嗎？」

「您相信電子郵件會像今天電話和手寫郵件那樣，成為人們在商業和家庭中一種普通的通信方式嗎？」

他一連問了七個以上的問題（在此不詳列），每一個問題都是今天我們看來理所當然的事實，但對當時而言簡直天方夜譚。不過就在比爾．蓋茲以確信的語氣，連珠炮式的逼問下，金融機構的董事長最後決定使用他的電腦系統。

一流的銷售員，都應該具備如同比爾．蓋茲「7 ＋ 1」的詢問實力。但要注意的是，在詢問答案為「yes」的問題時，切記要先問「大範圍的普遍性問題」，再問「小範圍的個人購買問題」，因為人們對於普遍性的價值，往往能立即回答「Yes」。例如：

「先生／小姐，我在你們的社區附近做一些有關教育的研究，請問我可以問一下您對教育的看法嗎？」

「可以。」

「請問您相信教育和知識是一件有價值的事情嗎？」

「相信。」

「如果我們放一套百科全書在您家裡，而且是免費的，只是用來做展示，請問您能接受嗎？」

「可以。」

「請問我可以進來向您展示一下這套百科全書嗎？我不是想把這套書賣給您，只是希望放在您的家裡，當您的朋友來到您家裡看到這套百科全書時，如果他們有興趣，您只要告訴他們我的電話，他們就可以和我連絡。這樣可以嗎？」

「好的！」

從今天開始，要習慣一開始就讓顧客點頭，當顧客習慣對你的問題點頭，最後就會自然而然地接受你的產品或服務。

二擇一問法

你可能遇過以下狀況：即將到來的週末，你與三個朋友約在餐廳吃飯，你們開了一個 line 的群組，討論集合的時間地點。大家為表示客氣與隨和，都這樣回覆：「我都可以，配合大家。」然而當你提問，大家又是七嘴八舌地回覆，卻得不到一個結論。

「約在永康街附近好嗎？」

「那邊假日都要先訂位耶！可能訂不到唷！」「約在那裡要吃什麼啊？」「那裡不好停車啦！」

「約早上十一點好嗎？」

「我週末都睡很晚，早餐中餐一起吃的！」「我比較想吃下午茶。」「約早上不錯啊！可以吃早午餐。」

結果，到了即將見面的前一天，你們還是處於令人氣惱、什麼都不確定的狀態。

其實只要換個問法，也許可以快一點得到結論：「我們約早上還是下午？」「要吃義大利麵還是合菜？」

當你使用「開放式問句」，因為答案非常多元，加上人多嘴雜，最後會變成沒有共通性的答案。但你不要以為只面對一個人時，事情就單純好解決。沒那麼簡單！在一個人的心中，也隨時上演著三心兩意的小劇場：「今天、明天還是下週去？」「買這個還是那個？還是不買的好？」「找誰陪我呢？小花、小草還是小青？」

總之，在必要時刻，使用「封閉式問句」中的「二擇一」問法，才能快速獲得結論。

銷售也是如此，進行到成交的關鍵時刻，推銷員就要拿出魄力，直接問出讓顧客二選一的問題。不是 A 就是 B，沒有第三種回答。例如：「我明天去拜訪您，您上午有空還是下午有空？」「您想購買 A 款還是 B 款？」「您喜歡粉紅色還是藍色？」

如此一來，無論顧客選擇哪一種，都是對推銷員有利的結果。但如果這樣問：「我明天去拜訪您，您何時有空？」客戶可能會回答「都沒空。」你問：「您想購買哪一種款式？」客戶可能回答：「我再考慮一下。」你問：「您喜歡哪一種顏色？」客戶可能回答：「這裡沒有我喜歡的。」

二擇一問法厲害的效用在，將顧客的注意力從「考慮該不該購買」上，轉移到「買這個還是買那個」的抉擇上。

世界第一的汽車銷售冠軍喬・吉拉德也都是這樣推銷汽車。某次一位男士在綠色、藍色兩輛汽車之間猶豫不決。

「到底選擇哪一輛呢？」「還是等明天再做決定吧！」他心裡這樣想著。

一旁的喬・吉拉德看到顧客遲遲無法下決定，於是問道：「先生，您喜歡綠色呢？還是喜歡藍色？」

顧客回答：「嗯～我比較喜歡藍色。」

喬・吉拉德馬上說：「那好，我們是今天把車給您送去呢？還是明天？」

「那就明天送來吧！」

就這樣，喬・吉拉德又賣出一輛汽車。

總之，當顧客難以作出明確的選擇時，推銷員適時地提出二選一答案，能幫助顧客盡快得出結論。

提問前要準備的事情

在銷售的當下，你必須瞭解自己產品最重要的特色，以及它可以帶給顧客什麼好處。

有個菜鳥業務剛進入電腦銷售這一行，有天他的主管問他：「你賣的產品是什麼？」

他說：「我賣電腦。」

主管又問他一次：「你到底賣什麼？」

他還是回答：「我賣的是電腦。」

接著主管再問他：「這個電腦有什麼功能？能給客戶帶來什麼好處？」

這時菜鳥業務才想起自己準備了很久的話術：「這個電腦不得了，假如公司用這個電腦，效率會提升25%，成本可以降低25%，人力成本可以減少將近10%。也就是說，公司的營業額至少會增加25%

以上，公司的成本至少降低20%以上，對公司來講，一年可以增加營業額達40～45%以上。」

於是主管說：「這才是你賣的產品，而不是電腦。」

也就是說，你要先知道你的產品能夠給顧客帶來什麼好處，接下來你才會知道要問出什麼問題，才能知道自己的產品是否打中顧客的需求。

以我自己來說，如果我在銷售培訓課程時，直接告訴顧客培訓的內容和價格，通常顧客都興趣缺缺，完全不感興趣。但如果我告訴他，你對課程不一定感興趣，可是你對提升公司的業績和如何使公司快速發展一定會感興趣，那麼顧客通常都會聽我繼續講下去。

找出顧客心目中的「櫻桃樹」

森林裡，一位年邁的樵夫正在砍樹，揮動斧頭的空檔，好像聽見了什麼聲音。

「爺爺！」

「誰？誰在叫我？」

「我是一個公主，因為中了魔法，變成了青蛙！」

「喔！原來是你這隻小青蛙在叫我！」樵夫在樹邊蹲了下來，拾起青蛙，放入掛在樹上衣服口袋裡，接著又繼續砍樹。「先把你放在這裡，以免被倒下的樹壓著了。」

「樵夫爺爺，如果親我的嘴巴，我就可以恢復成美麗的公主唷！」樵夫不動聲色繼續砍樹。

「如果我變成人，可以和爺爺住在一起，早晚服侍你唷！」樵夫依舊無動於衷。

「為什麼不相信我的話？我真的是美麗的公主啊！」

「我相信呀！」

「那你為什麼不讓我恢復人形，只把我放進口袋裡面呢？」

樵夫停下手中斧頭，嘆了一口氣說：「因為我不需要美女。等你到我這個年紀就知道了！和青蛙聊天，還更有趣呢！」

這個有趣的故事告訴我們什麼？

不瞭解對方需求的交易，是無法達成目的的。青蛙揣測樵夫需要美女，所以想用「美女的陪伴」交換「樵夫一個吻」，讓她變回人形。不料樵夫覺得邊砍柴邊和動物聊天這件事情反倒更有趣，在這樣的情況下，青蛙用「美女」來誘惑樵夫，這筆交易注定要失敗的。

銷售也是一樣，每個顧客心中都有一個決定購買的「關鍵點」。也許你產品的特色有十一項，但只有一項對他來講是重要的，因此，無法強調那個最重要的關鍵，這個產品的其他部分再怎麼神通廣大也沒用。

某位房仲業務帶一對老夫婦去看房子，進門以後，走到房間，老夫婦看到房間的地板破舊且凹凸不平，眉頭一皺；但是當他們走到陽台看到院子裡有一棵茂盛的櫻桃樹時，表情立刻變得很愉悅。此時，老婦人對房仲業務說：「你這房子太破舊了，你看地板都壞了。」銷售人員早就把他們對櫻桃樹的喜愛映入眼底，於是立刻回答：「您放心，地板我一定幫你們換成新的，不過最重要的是，院子裡有一棵櫻桃樹，你們不覺得光是這棵樹就值得買下這房子嗎？」說著，還把老夫妻的目光引到屋外的櫻桃樹。老夫妻一看到櫻桃樹，什麼抱怨都忘了，於是最後順利成交。

根據上述櫻桃樹的故事，可知顧客在購買行為產生之前，其實都存在著「想要獲得哪方面的滿足？」「希望成為怎樣的人？」「希望擁有什麼東西？」等心理特徵。而這些心理特徵背後，隱藏著他們不為人知的需求。而成功的銷售員必須發掘出顧客的隱藏需求。

心理特徵	隱藏需求
想要獲得	時間、鑑賞力、安全感、讚賞、舒適、美麗、成就感、自信心、成長與進步、榮耀……
希望成為	受歡迎的、被信賴的、易親近的、好客的、現代的、有創意的、擁有財產的、對他人有影響力的、有效率的、被認同的人……
希望擁有	健康、長壽、金錢、個人空間、別人有的東西、別人沒有的東西、比別人更好的東西……

當顧客不願意買單，一定是因為存在著也頗為重要的「抗拒點」，像上述例子裡面的破舊地板，就可能成為拒絕購買的「抗拒點」。但業務絕不能灰心，因為只要這棟房子同時存在客戶願意成交的「關鍵點」——也就是那棵櫻桃樹，那麼在關鍵點使用「神奇問句」後，便能將抗拒點輕輕帶過，擄獲客戶的心。

要如何探索出顧客最關心的利益點，以及他們最排斥的抗拒點呢？你可以使用「WHOLE 法則」和「NEEDS 法則」。

尋找關鍵點：WHOLE 法則

綜合上述消費心理特徵背後的隱藏需求，可將客戶感興趣的內容分為五點：「財富」、「健康」、「事業」、「休閒」、「尊榮」。

獲得財富（Wealth）、贏得健康（Health）、事業（Occupation）提升、擁有休閒（Leisure）、獲得尊榮（Esteem）五點中，至少達成一點，成交才有機會實現。像上述的例子中，櫻桃樹的存在就是在「休閒」這一點上，得到老夫婦的青睞。聰明的房仲業務員抓住這一個關鍵，於是讓老夫婦忽略了其他缺點而順利成交。

你的產品可以如何幫助客戶增加財富？

你的產品可以如何幫助客戶、乃至其一家人贏得健康？

你的產品對客戶的事業有什麼幫助？

你的產品可以如何提升客戶的休閒品質？

你的產品能怎樣幫助客戶贏得成就感、自信？

與顧客的溝通當中，讓對方多聊聊他自己，進而瞭解他最關心、最想要的東西，就能抓住最後的成交關鍵。

拔除抗拒點：NEEDS 法則

找出顧客成交的關鍵點後，接著要拔除他可能抗拒不買的因素。

顧客購買產品的核心原因有五個：Necessary（必須）、Enjoy（喜歡）、Experience（經驗）、Desire（慾望）、Solution（解決）。

也就是該產品至少要符合「我需要這項東西」、「我喜歡這個產品」、「過去使用這產品的經驗很好」、「這產品勾起我的購買慾」、「這產品可以解決我目前面臨的問題」其中一項。如果他覺得不需要、不喜歡、過去經驗不佳、無法引起他的慾望、無法解決問題，那麼他就不會買單。

因此，顧客的抗拒點一定存在 Necessary（必須）、Enjoy（喜歡）、

Experience（經驗）、Desire（慾望）、Solution（解決）五點之中。

銷售員要能隨時提出解決方案。比方說：客戶說「不需要」這個產品，銷售員要馬上探求他需要的產品。客戶說「不喜歡」待售屋破舊的地板，銷售員要能馬上拿出維修地板的計畫，甚至連維修師傅都預定好了。客戶說以前使用該產品「經驗不佳」，銷售員可以允諾他試用新產品，提供免費優惠。客戶說「不是很想要」，銷售員必須深入試探他真正想要什麼。客戶說這產品「無法解決」我的困擾，那麼銷售員要進一步探求如何能解決其順擾。

總之，善用 WHOLE 法則、NEEDS 法則進行分析，更近一步接近顧客的心，理解他的需求，便能在成交關鍵之時，問出神奇問句。

WHOLE		NEEDS	
Wealth	財富	Necessary	必須
Health	健康	Enjoy	喜歡
Occupation	事業	Experience	經驗
Leisure	休閒	Desire	慾望
Esteem	尊重	Solution	解決

15分鐘成交note

1. 如果要推銷你的產品，你要如何問出「7＋1」神奇問句？你的設定，必須每句都要讓顧客回答「yes」！

第一句	
第二句	
第三句	
第四句	
第五句	
第六句	
第七句	
第八句	

2. 將下列句子修改為能改變人生的「神奇問句」。

原來句子	修改問句
為什麼我那麼不快樂？	
為什麼我老是失敗？	
為什麼我那麼窮？	
為什麼我的外表不盡人意？	
為什麼邀約客戶都不來？	

三流的銷售人員販賣產品（成分），一流的銷售人員賣結果（好處）；所以，一流的銷售人員不會把焦點放在自己能獲得多少好處上，而是顧客所能獲得的好處上，當顧客通過我們的產品或服務獲得確實的利益時，顧客就會把錢放到我們的口袋裡，而且，還會反過來跟你說謝謝。

unit 03 七句話成交術

為了促進成交，在銷售過程中，一定要完成兩個動作，第一是讓顧客感覺「開心」，這是感性層面；第二是讓顧客覺得「有價值」，這屬於理性層面。先讓顧客感覺「開心」，以達到破冰、消除對抗的目的；接著讓顧客感覺「值得」，覺得你講的、推薦的有道理，這就是「感性→理性→感性……」的成交思考循環！

將此成交循環一一展開，可以分析出顧客在面對銷售員時的七階段心情。一開始，客戶會先武裝自己，他們的心聲莫過於：「我為什麼要聽你講？」如果銷售員初步吸引他了，那麼接下來他會想要知道：「這是什麼產品？」於是銷售員要以最重點式的說明，告訴他這是什麼東西、品質如何、屬於什麼等級。但顧客一定會質問：「買這個我有什麼好處？」當你的解說稍微打動他時，他的感性又讓他猶豫：「你說的是真的？」於是你拿出客觀的事實證據，證明所言屬實，這時他的理性會下意識反抗：「買這個產品值得嗎？」你分析了關鍵、進行比價，他又會問：「為何要跟你買？」即使你提出獨家產品優勢，他也會猶疑不決：「為何一定要現在立刻買？」

總之，顧客本身心情，是「感性、理性、感性……」不斷轉換，那麼銷售員便要以「理性、感性、理性……」的交替來回應。如果展開成為表格，大致如下：

顧客		銷售員	
我為什麼要聽你講？	理性	感性	展現個人親和力、魅力
這是什麼產品？	感性	理性	清楚說明產品特質、等級
買這個我有什麼好處？	理性	感性	以現實的需要打動他
你說的是真的？	感性	理性	提出證據
買這個產品值得嗎？	理性	感性	分析品質，進行比價
為什麼要跟你買？	感性	理性	提出獨家優勢
為什麼要現在立刻買？	理性	感性	限時優惠，不買可惜

如何在客戶的七句話內輕鬆成交，重點就是你要掌握他的理性與感性交替。即便業務員自己，也必須不斷轉換感性與理性的情緒。以下進行客戶「七階段心情」的詳細解說，若掌握得宜，必可在七句話內成交。

1. 你是誰？我為什麼要聽你講？

首次見面時，因為雙方尚未建立信賴，顧客心中難免有所疑慮。最在意的恐怕是：「你到底是什麼人物？值得我坐在這裡聽你訴說？」

這時不必急著展現自我，而是要表現得愈從容愈好。因為要能抓住顧客心中真正的需求，銷售員要先建立親和力與信賴感，以「成功銷售自己」為首要目標，讓自己在顧客的心中建立良好的印象。誠實、可信、幽默風趣等等，都是良好的形象。

例如以「先生／小姐，路上辛苦了，先坐下喝杯飲料吧！」為開場，接著圍繞著你的產品，展開銷售議題。但絕不要直接談及買賣，而是旁敲側擊地問：「請問在選擇房子方面，您最關心的是什麼方面呢？」

2. 你要跟我介紹什麼？這是什麼產品？

初步取得顧客好感後，即使原先有敵意，態度也會軟化，此時雙方進入一個比較感性的氛圍。但顧客接下來提出的問題，銷售員卻必須以「理性」回答。以購屋為例，你先前已經瞭解他關心住屋的哪些要素，於是你便針對他關注的點，進行明確而清楚的說明。有些人注重房屋周圍環境，有人注重鄰居素質，有人想的只是交通方便一事。

你首先要提供他最關心的部分的介紹，例如他關心的是鄰居，你可以說出非常肯定、確信的結論：「先生／小姐，我已經初步瞭解過了，這一帶住的大都是公務員與大學教授。」接著再詳細說明你曾遇到哪位親切的鄰居。過程中，讓他感覺你是在關心他的居住品質，而不是在賣他東西。

3. 買這個對我有什麼好處？我現階段不需要！

回應你的理性，對方也會端出理性的菜。或許他會這麼回應：「的確！它很不錯！但我不認為現在需要。」

顧客不見得能看出現階段是否需要，銷售員通常可以看得更廣、更遠。但你也不能說他短視近利，而是要感性地引導他思考他的需求。例如：「您目前住的地方是租的嗎？」「租金大約占您收入的百分之多少？」然後把顧客的需求和你能提供的產品服務聯繫起來，告訴他，你能為他帶來什麼價值、幫他解決什麼問題。重要的是，讓顧客覺得你理解了他的需求。

當顧客稍稍意識到這項產品對於他的事業有幫助，你就可以再溫暖地補上一句：「先生／小姐，如果您選擇了這間屋子，等於是拿每個月的租金付房貸，但不同的是，20 年後房子是你的。」這是用影響顧客本身的利益來打動他，而不是天花亂墜的推銷。

4. 你說的是真的？我可以相信你嗎？

銷售員如此為客戶著想的心，會讓他難以拒絕，陷入為難的境地。彷彿是想要再確認一次，因此問道：「你說的是真的？」「我可以相信你嗎？」或許他心中也有另一個聲音：「我為何要相信你？」

這時候，絕對不能遲疑，你要向顧客證明你所說的都是真的。銷售是信心的傳遞、情緒的轉移。此時，說話的信心和情緒很重要！最有說服力的話就是「現證」，可以是名聞遐邇的故事，或發生在你周遭的真實案例。總之，你一定要學會「講故事」，講一個具體的、真實的故事或案例。例如：「先生／小姐，我曾經成交過 20 間以上的房子，有一位也住在這個社區，您若有所顧慮，我們不妨現在就一起去拜訪他，問問他的感受與體驗。」

5. 買這個產品值得嗎？

要顧客掏出一大筆錢，終究是令人心痛的事。猶如最後的反攻一般，他的理性再度出馬，發出質疑：「買你們的產品真的值得嗎？」「其他房仲推銷的房子也不差吧！」

此時絕不能派理性出來硬碰硬，而是拿出各家比較表，耐心說明每一種房子類型的優劣，並分析價格差異、後續為客戶帶來的利益等。此舉並非去詆毀同業競爭對象，而是協助顧客比價、思考未來收益，再強調剩下來的錢可以有更溫馨的用途。例如：「先生／小姐，同樣等級的房子，我可以提供便宜 10 萬的優惠，省下的錢您可以帶全家參加海外旅遊，實現您一直以來的夢想！」

6. 我為什麼要跟你買？

接下來是銷售員的關鍵時刻。當顧客瞭解到產品對他的利益、幾乎要被說服時，他可能會想到這個產品又不是你一人獨賣，為何要做業績給你？抱著可能想殺價、可能想從你身上獲得什麼好處的心情，他試探性地問：「我為什麼要跟你買？」

這時，要突出自己的優勢，直擊對手的弱點！關鍵時刻，就是要向顧客展現與眾不同的地方，讓顧客不僅願意購買你的產品，更是迫切想要與你這個人成交，這個機會錯過可就沒有下一次！

可以分階段製造稀有感，先說明公司的優惠，再以吃虧般地退讓說明你個人的優惠。例如：「先生／小姐，買房子不僅要看價格，更要看售後服務，我們公司在業界有一定的名聲，業務員都保證為你服務一生！」然後再放輕音量，好像偷偷跟他說一樣：「每個業務員都有分配到定額的贈品，這次的贈品非常獨特，市面上買不到，但就剩最後幾份了，您現在決定的話，我幫您留一份。」

7. 為什麼要現在立刻買？

顧客差不多被你說動了，然而還想要最後再考慮一下。這時就差臨門一腳，要趕緊端出優惠方案，例如：「先生／小姐，您太有福氣了，我們碰面的時間也真巧。我們最近剛好有個專案活動，從看房到成交只要在三天以內完成，就贈送一萬元的家電。雖然今天是第五天，但我還是幫您偷偷申請，這可為您省下不少錢呢！為了把握專案時間，您的預付定金要用現金，還是刷卡呢？」

以上就是透過七句話實現成交的銷售技巧原則。切記：你是以「感性」進去的，最後又是以「感性」推動成交。此銷售技巧在整個銷售過程中非常重要，一定要熟練它！

本單元雖以「推銷房子」作為範例，但其中最核心的概念——限時、限量、限價卻可以應用到賣任何東西，包括零售業。

「限時」最常見於超市推出的「10 分鐘內所有貨品 1 折」，雖然客戶搶購的時間有限，客流卻帶來無限的商機。也可利用節慶促銷，如母親節購物送康乃馨、父親節禮品促銷「親情海南三日遊」、情人節購物免費換「情人娃娃」或花飾。

「限量」的促銷廣告如「超值一元，限量五件」，每人可以選 5 款 10 元以上的商品，以超值一元購買。雖然這幾款貨品看起來虧本，但吸引的顧客卻帶動買氣，結果利潤不減反增。許多專櫃也會推出「組合銷售」，只要購買一整組保養品就送價值 5000 元的禮品，限量 10 套，送完就沒了，讓顧客因為禮品「稀少」而感到價值提升。

「限價」則是讓顧客自動著急，期待進門消費的時機。例如推出：「即日起 1 ～ 5 天原價銷售、第 6 天起降價 25%、第 10 天起降價 50%、第 15 天起降價 75%」。表面上看來利潤漸減，好像會虧錢，其實已經抓住了顧客的心，大家都怕太晚來只剩下人家揀剩的商品，因此會「趁早」源源不絕湧入。

總之，讓購買的人驚喜、慶幸與自豪；讓不買的人遺憾、失落、後悔。這就是「七句話成交術」背後的祕辛！

15分鐘成交note

針對下一個與顧客的約會，設計一套你專屬的「七句話成交術」！

(1)你是誰？我為什麼要聽你講？

我的從容開場白
● ______
● ______

圍繞產品的「非」直接問題
● ______
● ______

(2)你要跟我介紹什麼？這是什麼產品？

顧客可能關心的點
● ______
● ______
● ______
● ______

⑶買這個對我有什麼好處？我現階段不需要！

顧客可能會有的需求
● ______
● ______

⑷你說的是真的？我可以相信你嗎？

具體的故事（寫關鍵字即可）	真實的案例（寫關鍵字即可）
● ______	● ______
● ______	● ______

⑸買這個產品值得嗎？

我要跟哪幾家公司比價	顧客將獲得的實質利益
● ______	● ______
● ______	● ______

(6)我為什麼要跟你買？

公司的優惠	我給的優惠
● ________	● ________
● ________	● ________

(7)為什麼要現在立刻買？

我的底牌～最終優惠方案設計
● ________
● ________

針對不同類型的顧客，要使用不同樣的「七句話成交術」。你可以累積經驗，將顧客略作分類，再將自己精心擬定的幾套「七句話成交術」，自在無礙地使用！

unit 04 感官型引導銷售

天下顧客百百種，每種顧客的特性都不同，想要用對話術，首先，你一定要知道你眼前的顧客是哪一種類型。而透過本單元的分析，你也可以概略知道自己「天生」屬於哪一種類型，以及經過「後天」努力後，可以使用哪些話術。在銷售時，依據顧客類型，調整自己的頻道，讓他覺得：「與你談話真是如沐春風！」「你真是瞭解我！」甚至出現：「我們是同一種類型的人啊！」如此惺惺相惜的感嘆。

本單元是非常實用的話術大全，首先，讓你瞭解視覺型、聽覺型、感覺型顧客的特徵，進而針對不同種的人，給予不同話術的使用建議。

視覺型顧客

視覺型顧客的對話句子中，常會出現：「這個我很清楚。」「我明白你的意思。」「你可以想像嗎？」「我想要有更樂觀的前景。」「讓我們把焦點對準這一點。」「你怎樣看這件事？」「你看得透嗎？」等等。他們對於眼睛看得見的東西才有安全感，對於商品也較執著於一定要看到、親自確認過，才願意付錢。

視覺型顧客常會使用以下詞語：

圖畫	閃爍	看來	生動有趣	款式	凝望
明豔	焦點	悅目	忽明忽暗	完全空白	視線
裝飾	看似	快速	燦爛	顏色	顯示
澄清	範圍	速度	樣子	鮮豔奪目	表現
圖案	反映	視野	如花貌美	注視	觀點
出現	展覽	目的地	觀察	目標	多彩多姿
光明	長遠	明顯地	目光	黑暗	角度

因此，當你發現對方的話語中常出現「……的樣子」、「看起來好像……」，或者習慣描述長相、形貌，這樣的人可能就是「視覺型顧客」。若你還無法確認，可以進一步觀察他在思考時，目光是否經常往右上或左上看，並且將視線停留在某個位置，長達一段時間。這類顧客的反應相當快，因為他們很容易自己在腦中產生畫面，對方話講一半他就猜到後面了，所以有時會沒耐性聽別人說完話。善加利用他們的特質，便很容易與他們打成一片。其他細節請見下方超實用表格整理。

	視覺型顧客特徵	銷售員的配合
衣著	➢ 衣著整齊，喜歡亮眼的顏色	➢ 見面不要穿得太隨便
環境	➢ 要求環境明亮清潔、擺設整齊	➢ 將見面地點布置整齊、使整體環境光線充足

行為	➢ 行動快、動作較誇張 ➢ 能夠同時兼顧數件事 ➢ 不安於坐，只坐在椅子的前半張	➢ 多用手勢和動作與對方交談 ➢ 耐心等待他同時處理其他事 ➢ 約在可以散步、不必一直坐著的地方聊事情
個性	➢ 活潑外向 ➢ 喜歡顏色鮮明、外型美觀 ➢ 喜歡多變化、節奏快的事物 ➢ 在乎事情的重點、不太在乎細節	➢ 談話內容多元而生動 ➢ 多用色彩圖畫或照片介紹 ➢ 準備生動有趣的話題 ➢ 不要太拘泥小節（但衣著方面例外）
說話	➢ 說話的速度快，不喜歡重複同樣的話 ➢ 開場簡短，馬上進入主題 ➢ 喜歡舉例	➢ 仔細聆聽，不要讓他說第二次 ➢ 不用寒暄太久，簡單扼要 ➢ 多做示範、少說道理

聽覺型顧客

聽覺型顧客通常會這樣說：「告訴我你覺得如何？」「我們能談談嗎？」「留心可能發生的事！」「這聽起來像是真的！」「談談這件事怎麼樣？」「事情的細節你都研究過了吧？」「她說話的聲音很好聽。」

當你聽到這些詞的時候，你可以大膽做一個假設，和你交談的人，可能是一個聽覺型顧客。

聽覺型顧客只要聽到你誠懇地介紹商品，初步就會有不錯的接受度，不會拘泥於一定要看到東西才願意掏錢購買。聽廣播就劃撥購買的婆婆媽媽，大多是聽覺型顧客。

聽覺型顧客常會使用以下詞語：

悅耳	韻律	溝通	寓言	聲音	廢話
告訴	大叫	討論	音樂	唱歌	鏗鏘
旋律	無聲	表達	聽起來不錯	守口如瓶	調整頻率
連續	寧靜	走調	講講你的意見	說老實話	一字不差
聆聽	談話	歌曲	如雷貫耳	繞梁三日	宣布
響亮	聽懂	刺耳	高調	呼喊	故事
查詢	語調	迴響	低調	意見	討論

當你在與某人談話時，如果對方的眼光總是左右飄移，不時托腮思考，第一時間就會覺得他是否心不在焉。但事實上，這些人是最好的聆聽者。他們雖然不會一直注視你的臉，甚至從頭到尾都看著你左右兩頰以外的空氣，但實際上，他們是在認真思考你說的內容，他們不會只顧著處理自己所要說的話。

聽覺型顧客有時不見得喜歡跟你見面，所以有機會的話，可以進行電話推銷。此外，他們對於音樂、聲音非常敏感，所以你的沒自信、不夠誠懇、畏懼等情緒都會被他們發現。一旦發現對方是聽覺型顧客，切忌說話不能顫抖。其他細節請見下表。

	聽覺型顧客特徵	銷售員的配合
環境	➢ 喜歡有音樂的環境	➢ 播放顧客喜歡的音樂
行為	➢ 不自覺會將耳朵向著交談中的對方 ➢ 關鍵事情較少以信件往來 ➢ 手腳會隨音樂打拍子	➢ 有心理準備，莫將對方視為不禮貌 ➢ 重大事件最好碰面溝通 ➢ 可以跟他聊音樂話題

個性	➢ 喜歡規則與秩序，注重事情的步驟、細節 ➢ 對氣氛很敏感 ➢ 遇到擅長的話題，話匣子一開往往停不下來 ➢ 容易擔心聽不清楚	➢ 一開始就把規則條列式、說清楚 ➢ 營造輕鬆、無壓力的氛圍 ➢ 多引用權威人士的話來跟他溝通 ➢ 討論後補上書信或會議記錄
說話	➢ 說話較慢，不急不徐，同一個話題可能會談很久 ➢ 談話內容詳盡、常有重複 ➢ 喜歡聽故事	➢ 適度引導他往業務希望談論的議題 ➢ 多耐心傾聽 ➢ 準備各種範例與故事

感覺型顧客

感覺型顧客通常會這樣說：「這件事有把握嗎？」「對事情的安排你感到安心嗎？」「主辦的人用心用力讓來賓都感到稱心滿意。」「她真的很細心溫柔。」「我直覺……」「我感受得到那種氛圍」「讓我們來處理一下」「我無法把握你說的要點。」

相較於前面兩種類型的顧客，這類顧客情緒起伏較大，不喜歡受到束縛，一時興起可能很爽快地花錢購買，但下次卻不一定如此。此外，感覺型顧客很重視觸覺，如果讓他觸摸到產品且感到滿意，其購買機率便可提升。

感覺型顧客常會使用以下詞語：

本能	情緒	自在	堅固	實在	憂愁
感覺	感受	溫馨	實踐	實際	悲哀
處理	麻煩	壓力	安全	溫暖	幸福

把握	煩惱	匆忙	危險	打擊	激情
壓迫	堅持	輕鬆	冷漠	移動	沉重
感受	動力	舒服	冰冷	激動	支持
興奮	接觸	開心	難受	刺激	不自在
合適	緊張	快樂	衝動	激烈	打鐵趁熱
控制	流暢	衝擊	驚慌	掌握	合作
粗糙	憤怒	你覺得如何	順利	驚怕	一點都不怕

從事藝術、創意工作者，很多都是感覺型的顧客。他們非常擅長思考，想法也十分多元。當你問一個引發他興趣的問題，例如：「你對這場球賽有何感想？」「昨天那個畫展你覺得如何？」在多數情況下，他們的視線會朝右下方飄去，然後陷入思考模式，一會兒便高談闊論。其他細節亦見下方表格。

	感覺型顧客特徵	銷售員的配合
衣著	➢ 不大拘泥穿著，以自在舒適為主	➢ 謹守基本禮儀，見面不必穿得太正式
行為	➢ 行事穩重、常作思考狀 ➢ 不在乎好看或好聽，重視感覺 ➢ 常靠牆站立，坐時會靠椅背 ➢ 手常撫摸身體或物品	➢ 多聆聽、瞭解他的感受 ➢ 多強調商品擁有後的價值 ➢ 姿勢隨他一樣放鬆 ➢ 多肢體或身體接觸
個性	➢ 需要時間來感受 ➢ 喜歡被人關懷尊重注重感受 ➢ 喜歡親手完成事情 ➢ 容易有同情心	➢ 耐心等待他的回覆 ➢ 多問他的感覺 ➢ 多讓他接觸產品或樣品 ➢ 多與他分享感人故事

說話	➢ 講話速度比較慢 ➢ 話不多、可長時間靜坐 ➢ 說話較低沉	➢ 從容，莫讓對方感覺急躁 ➢ 可約在咖啡店見面 ➢ 用緩慢低沉的聲調對他說話

感官用語契合

好！以上我們概略分類的不同感官類型顧客，對於穿著、氣氛、談話方式都有不同喜好，尤其，他們有不同的習慣用語。因此，只要觀察出顧客的類型，將使溝通更加順暢，讓成交的機會大增。

另一方面，瞭解這三種類型顧客的說話模式，也能避免一些溝通上的誤會。

例如銷售員在談合約時，聽到顧客這樣說：「我覺得這份合約仍不夠完整，我一時之間也感覺不出到底那裡有問題，但總覺得有什麼地方需要修正。」

顧客的話中，出現了兩次「覺得」，一次「感覺」，因此可以推測他屬於「感官型顧客」。但若銷售員沒有意識到，加上銷售員本身屬於「視覺型」的人，他可能會這樣回答：「如果你再仔細『看看』這份合約，你應該明白地『看見』，我已經在上面列出了所有的細節及注意事項，我不『清楚』你還有什麼疑慮之處。」

走視覺路線的銷售員和走感覺路線的顧客，在這一刻實在很難達到共識。然而，如果雙方的調性是同步的，便能順利進行溝通。

視覺型同步

視覺型顧客	當我再次「看過」你給我的這份合約後，發現其中有些地方不「清楚」，我不太明白你想表達什麼。
同步型視覺的銷售員	好，我把內容以「圖象」表示，再調整成如下「文字」，你「看看」這樣是否比較「清楚」？

聽覺型同步

聽覺型顧客	我認為我們應該進一步「討論」，因為「聽」過你所說的內容以後，我認為你說的和我想的有些差異。
同步型聽覺的銷售員	我「聽懂」你的意思了，讓我再「重述」一遍剛才所講的，你若有任何不瞭解之處，可隨時提出與我「討論」。

感官型同步

感覺型顧客	我「感覺」不到你的重點，我「覺得」你似乎在強調這個，但我不是很瞭解。
同步型感覺的銷售員	我可以「感受」你在乎的部分，讓我們再回過頭來「思考」一下這份合約，同時「挑出」其中不完整之處。

以聽覺型的顧客為例，如果你想和他溝通或說服他去做某件事，卻又用視覺型極快的速度向他描述，這樣只會達成反效果。你必須和他一樣使用聽覺型的說話方式，不急不徐，配合他的說話速度和語調，他才能聽得真切，否則你說得再好，他還是聽不懂。再以視覺型的顧客為例，若你以感覺型的方式對他說話，慢吞吞而且不時停頓地說出你的想法，不把他急死才怪。人和人之間的溝通都是這樣，只有用同一種感官用語溝通時，才不至於產生誤會。從上面幾個例子可以看出，與不同感官類型的顧客溝通時，保持相同感官類型的步調，是多麼重要。

也許你會說，我覺得自己具備了「視覺性顧客」的重視穿著、「聽覺型顧客」的敏感情緒，以及「感覺型顧客」的穩重個性。在此我必須聲明，上述三種感官型顧客的分類，僅是 NLP（神經語言程式學）經過概略統計調查後，取平均值統計的結果。重點是幫助業務員與顧客進行更好的溝通，卻不能視為不變的準則。因此，請好好參考使用，同時隨機應變吧！

三種感官契合

當我們瞭解視覺、聽覺、觸覺三種感官類型的特徵之後，接下來說明如何與不同類型的顧客，在銷售過程中運用各種手法來進行有效「契合」。

1. 見面前

感官類型	運用
視覺型	➢ 準備多樣化、易懂的說明書，如應用圖畫、圖表、相片來說明 ➢ 稍稍布置環境，讓現場整齊、清潔
聽覺型	➢ 準備規則條列清楚的說明書 ➢ 準備權威人士說過的名言 ➢ 準備充滿節奏性的用詞（例如介紹產品的順口溜） ➢ 準備柔和的音樂（或顧客喜歡的音樂類型）
感覺型	➢ 準備實際的產品讓他可以觸摸到 ➢ 準備一些動人的人生經驗

2. 會面中

感官類型	說明
視覺型	➢ 說話簡短扼要，保持輕快的節奏 ➢ 解釋時多做示範、少說道理 ➢ 討論事情時，多問他：你看怎麼樣？
聽覺型	➢ 經常重複他說過的字或話 ➢ 搭配氣氛改變聲調、音量、快慢，讓對談過程中充滿活力 ➢ 當他說話時，點頭表現出你正用心聆聽
感覺型	➢ 多詢問他的感受，如：你覺得如何？ ➢ 將產品交到他手上，讓他近距離感受 ➢ 對談時從容不迫 ➢ 多談及人生經驗和感受

3. 會面後

感官類型	說明
視覺型	➢ 特別時令送花或寫賀卡，關心他的日常生活
聽覺型	➢ 多用電話來保持聯絡
感覺型	➢ 多安排與他見面的次數。

1. 利用下面表格，私下分析「你的顧客」偏向哪一類型。

（可用鉛筆記錄，重複使用）

項目	視覺	聽覺	感覺
偏好合約方式	□圖象式	□條列式	□看當下感覺
說話速度	□快速	□較慢	□緩慢
說話方式	□簡單扼要	□詳盡冗長	□聲音低沉
易被什麼感動	□小禮物	□關心的電話	□見面的擁抱
成交關鍵	□看到產品	□聽到說明	□摸到產品
填入打勾數字			

【分析】眼前這位可能是：□視覺型／□聽覺型／□感覺型顧客

（請勾選打勾數字多的類型）

2. 當與各種類型顧客見面，我要注意些什麼？

顧客類型	我的注意事項
視覺型	
聽覺型	
感覺型	

為每一個顧客找出他最自在、喜歡的相處模式，是最重要的事情。切記，分類不是重點，重點是能與顧客增進友好、加強信賴！

換句話說就成交

語言是溝通的基本工具，它可以用來形容事件，也能幫助人們籌劃未來，甚至左右一個人思考和感覺。例如，當你大聲緩慢地朗讀以下 6 個詞語：「沮喪」「失望」「悲傷」「拒絕」「討厭」「生氣」，是否感受到負面情緒遇上升？

現在同樣大聲緩慢地朗讀「財富」「成功」「快樂」「幸福」「健康」「愛」6 個詞語，是否有另一種心情呢？

這是因為詞語本身具有生命，負面詞語會吞噬人類的積極能量，而正面詞語可以帶來歡喜與前進。不同的詞語具有不同的暗示作用，語言是影響客戶最大的關鍵，所以在銷售當中，必須觀察客戶喜歡什麼樣的語言，而什麼樣的用詞會勾起他對過去購買某樣東西的恐懼回憶。會升起客戶負面情緒的詞語當然不能使用，但另一方面，許多我們習慣的常用詞語也不建議使用。

轉換你的用詞

「說出好話」是一件非常困難的事情，「說出能成交的話」更是不容易，因此需要不斷練習。如何練習？其實很簡單，當你發現你說出來的話常常無法打動對方，那麼，試著分析自己常用的詞語，反覆斟酌，替代成能打動人心的話。以下舉幾個「替代」的例子並說明。

1.「購買」改為「擁有」

比起花錢購買，人們更想要擁有，擁有是一種美妙的感覺。擁有的慾望是深層的渴求，導致一種強烈的購買力。

專業銷售員會用心構思：如何使客戶坐下，並使客戶充滿期待地說他述說。通常，他不會鼓勵你購買，而是不斷重複「擁有」兩個字：「您如果決定擁有它，我們可以很快送貨。」「當您從我這裡擁有我們的某一種產品時，您也擁有了我終生的服務。」「當您擁有我們的產品時，您絕對會滿意，因為它如此實用與獨特。」

總之，設計一套「擁有」話術，就能持續加強顧客的購買慾望，並迅速促使客戶作出購買的決定。

2.「成交」改為「機會」

雖然本書書名有「成交」二字，但這是業務圈的專門用語，顧客不見得喜歡聽到這個字眼。因此，當你成功完成一筆交易，千萬不要說：「真是一筆完美的成交！」而是要改成：「感謝您提供一個讓我服務的難得機會。」站在消費者立場，如果每一次消費後都擁有超值的溫暖服務，心情自然不同，也會提升之後繼續向同一人消費的機率。

成交聽起來是件嚴肅的事情，且彷彿涉及利益交換（好吧！沒錯它也是事實），但「機會」卻能讓顧客感受到他可以得到某種好處，而且這麼說也輕鬆多了不是嗎？

3.「改進意見」改為「關心話題」

當客戶提出「客訴」，希望業務下次能夠改進時，以「謝謝您對我們提出意見」固然有禮，卻不如使用「謝謝您對我們的關心」這句話，後者顯然高明多了。

「意見」雖然也是善意的表達，但顯得生硬、冰冷，而「關心」則不一樣，讓人感受到情感的傾注，即使對方一開始抱著怒意前來，聽到這樣的話，也不好意思再發脾氣。

4.「合約、申請書」改為「文書、基本資料」

合約這個詞顯得一板一眼，彷彿一切都要按照規矩來，違背就會吃上官司。曾在「合約」中吃虧的人，聽到這個詞甚至會激起負面聯想。因此，我一向主張，除非必要，盡可能不要使用「合約」這個詞。雙方協議的內容，可以用「文書」、「文件」替代。

而「申請書」這個詞本身就充滿「下對上」要求、卻不一定能獲准的意涵，如「學生」向學校申請入學、「保戶」向保險公司申請理賠、「教授」向國家申請研究經費，但學校可以拒絕學生，保戶、教授也可能被保險公司、國家拒絕申請。因此我向來會以「請您填寫這份基本資料」代替「請您填寫申請書」。總之，用點心思，使用較無壓迫感的字句，能讓顧客更加自在。

5.「成本、價格」改為「投資、總值」

一般人聽到「成本」或「價格」這兩個詞時，腦中一定浮現：「辛苦賺來的錢要離開自己的口袋了！」這種感覺。其實成本是投資的一種，假設健康的成本之一是購買健康食品，那健康食品就是一種對健康的投資。

價格更是如此，例如你說這款食品的價格共一萬元，消費者的心馬上會抽痛：「要將一萬元交出去了！」然而你改用「這些食品總值一萬元」，消費者的思考邏輯便會是：「我買來的東西是值得一萬元的！」兩者有天地之別。

投資和總值給人的感覺是「有價值」且會「回本」的，而成本可能一去不復返，價格更是個向你要錢的「告示牌」。因此，雖然根本上意思相同，以投資、總值來代替成本、價格，明顯就有不同的感覺。引申來說，將「預付訂金」改以「最初投資」，「月付款」更替成「月投資」，即是很好的應用。

6.「簽名」改為「授權」

在現代社會裡，常常有需要簽名的時候，而且伴隨著簽名這個動作，總是又有一筆開銷要支付了。在多數情況下，人們在簽名前，頭腦中會產生警覺，變得猶豫不決，希望再檢查一下簽署的文件。這是因為從孩提時代我們就被這樣教育：沒有經過認真思考、仔細查閱，絕不要在任何文件上簽名。但在交易時又不得不簽名，怎麼辦呢？如何讓客戶愉快交易又不惆悵呢？其實你只要改變一下說話方式，不要請他簽名，而是請求對方的同意、授權。

想一想：「先生／小姐，這份文件需要您的授權！」然後把筆遞給他，眼睛看向簽名處，是不是比說出「先生／小姐，請在這份合約上簽名！」要高明多了？

不要使用的詞語

除了轉變詞語，還要以「具有說服力」的話語代替毫無說服力的用詞。有 6 類充斥在我們周遭、最常見的、不具說服力的慣用詞。

1. 嘗試

假如你對自己說：「我今天要嘗試推銷出去一套化妝品。」「我嘗試要成為千萬富翁。」「我要嘗試戒煙。」那肯定不會成功，因為嘗試是一個不確定的詞，感覺你也沒有「一定要」，或絕對必須實現的決心。

人類的潛意識就像一部精密的電腦，倘若沒有明確給予指令，那就什麼也做不出來。當你給大腦輸入一個不確定的訊息，大腦指揮身體完成的也是不確定的結果。

人生要麼就是有，要麼就是沒有，沒有所謂「嘗試」這一中間狀態。所以，請改變你的詞令為：「我一定要做到。」

2. 不會、不能、沒辦法

遇到自己不擅長的工作或任務時，一般人往往會說出：「我不會做。」「我無法照你的要求。」「我沒辦法說服他作出這樣的決定。」這樣的話聽在主管或客戶耳中，其實就是「你不做」的意思。

或許你現階段的能力真的做不到，但你可以改成：「我『還』不會做，但可以試試。」「我『還』無法照你的要求，或許是我必須改變一貫的做事模式。」「我『還』沒辦法說服他作出這樣的決定，但也不是說不可能。」

你發現了嗎？當你加上「還」這個字，後面一定會出現其他想法，因為這個字蘊含著還有機會、還想去學、還願意嘗試。願意努力突破自我的人，絕對比拒絕改變的人還要受歡迎。

3. 可是、但是

某次，我和幾個好友出外郊遊，玩得相當盡性。這時有人說出了掃興的話：「今天玩得很開心，但一想到明天要上班……」。頓時氣氛冷凝，因為大家被他後半句話引導，霎時間都想到了明天要上班，而忽略「玩得很開心」這個事實。

其實在語言表達上，連結詞的使用可以決定重點究竟放在哪裡，例如下面三種模式。

- 今天玩得很開心，「但是」明天要上班……
- 今天玩得很開心，「而且」明天要上班……
- 今天玩得很開心，「雖然」明天要上班……

第一例使用「但是」，使得重點轉移到後句，雖然一開始講的是開心的事情，卻因此具有負面殺傷力，讓人聯想到假期後的上班憂鬱；這二例的「而且」表示前後程度相同，只是平淡地敘述兩件彷彿不相干的事情——不過一般人並不會這麼說話，此處純粹舉例以讓讀者容易瞭解；而第三例使用「雖然」，強調的重點一下子就變成了前句「今天玩得很開心」了！

由此可見，即使你說再多好話，只要出現一句「但是」，後面又沒有其他補述，就足以毀掉你先前的用心鋪陳。例如你對一名顧客說：

「邱先生您好！你說價格太高，我很想幫你，但是我也無能為力。」那麼前面再多用心也是白搭。但只要改成「邱先生您好！你說價格太高，我很想幫你，『雖然』我無能為力，但我可以幫你另外想辦法。」這樣一來，語氣便柔和許多，也能給對方帶來好印象。

4. 希望

希望是個美好的詞，充滿無限的未來願景，但用在銷售方面卻軟弱無力。假如你說「我希望你喜歡我的產品。」「我希望今天能推銷成功。」表示你不確定自己是否可以辦到。自己沒有信心，怎能期待顧客對你的產品有信心？因此，你必須要自己先相信，先習慣把「希望」這個詞轉換成「相信」，甚至進一步使用「堅信」。

「我相信你會喜歡我的產品！」「我堅信這次的推銷會大獲成功！」在內心如此大喊吧！

5. 假如

銷售過程當中，手邊不可能擁有客戶需求的每一種款式。當需要調貨，必須請顧客等待幾天，甚至不確定有沒有貨時，詢問顧客的用詞非常重要。如果你說：「假如我們調到你想要的款式，您確定要購買嗎？」八成客戶此時會回答：「那我再考慮看看。」但換一種說法：「當我們調到你想要的款式，請問您選擇哪一種送貨方式？」

首先，「假如」這個詞給人的感覺是：有一半以上的機率無法達成。用「當……」絕對比「假如」高明，因為你讓對方覺得順利到貨是一件相當肯定的事情。其次，直接詢問「送貨方式」，而非確認購買意願，等於省略了對方的猶豫與考慮，已經幫對方決定要購買了。

6. 問題

對談過程中，勢必會出現雙方無法達成共識、需要協調的事情。這些狀況可能是大問題，也可能是小問題，但重點是：你不要把它當成是「問題」！首先，用詞就不要出現「問題」二字。

沒有人喜歡「問題」，因為「問題」表示還有沒解決的事。這詞嚴重削弱了對成功締結銷售的信心，也讓對方備感壓力。例如你想這麼說：「我覺得我們的協議有點問題。」倒不如改為：「我覺得我們的協議有點挑戰，相信您和我都能想辦法戰勝這個挑戰。」

以下提供常見的「換句話說就成交」詞語，你可以親做實驗，觀察換句話說之後，對方的反應以及最後的結果。

一般用詞	轉變詞語	一般用詞	轉變詞語
購買	擁有、帶回家	合約	文書
成交	機會	申請書	基本資料
反對意見	關心話題	成本	投資
銷售、賣	服務、參與	價格	總值
花錢	投資	預付定金	最初投資
月付款	月投資	簽名	授權
嘗試	一定	不能、沒辦法	還不能、還沒辦法
可是	雖然	希望	相信
假如	當	問題	挑戰

為什麼要換句話說？

是為了讓說出去的話更溫馨、更具備感染力，使客戶受到感動，意識到自己的需求，以促進成交機率。

平時努力觀察，蒐集感動自己的用詞，反覆練習、改進，便可增進自己對用詞的敏銳度，吸引客戶、愉悅客戶，引導客戶點頭。

找出 12 個你慣常使用、總卻讓你無法成交的詞語，轉換它吧！

習慣用詞	轉變詞語	習慣用詞	轉變詞語

轉換用詞，等於換一種思考模式，因此同時也會轉換自己的心情。學習讓自己用「換句話說」，適時轉變負面思維，掌控情緒，邁步成交吧！

unit 06 潛意識引導銷售

人的頭腦是由「意識」和「潛意識」兩部分所組成。意識喜歡明辨是非，分出好壞，潛意識卻無法分辨是非善惡，無論意識給了它什麼樣的資訊或想法，它只會照單全收，在人不自覺的狀況下，去一一實現指令。

想和潛意識溝通必須使用特殊語言，而潛意識最能理解的語言便是「情感」。用情感與客戶的潛意識溝通，就能激發顧客想要購買的慾望。例如透過形象化的文字描述，讓顧客想像到擁有產品後的美好感覺，甚至為他營造一個彷彿看到、聽到、甚至觸摸到的情境。所以，一個成功的銷售員，應該是一個構圖專家，如果你覺得自己不是，那麼你「必須」將自己培養成一個構圖專家。

假如你現在手裡拿著一顆檸檬，請想像一下：你用紅色把柄的水果刀切開它，拿起一半放在你的嘴邊，你用力一擠，檸檬汁滴在你的舌頭上……說到這裡，如果你很用心地去感受，應該會有種酸酸的感覺。

我要說的是，無論是真實的還是想像的，只要能讓客戶「產生想像」，潛意識的催眠也就開始了。

引導顧客建立畫面

一般的銷售員在販售檸檬時，可能會喊出：「來買檸檬喔！」或是：「檸檬跳樓大拍賣！」。但是懂得運用潛意識銷售的人則會說：「看看最新鮮、充滿維生素C、酸酸甜甜的檸檬汁！」雖然是賣檸檬，但他將檸檬直接轉化為飲料，讓消費者好像親口嚐到檸檬汁、又獲得營養素的感覺。這樣的敘述，就激發了他們的潛意識，使其鼓動意識，產生購買慾望。

因此，要啟動顧客的潛意識，你必須先在自己的腦海裡想像出一幅有趣的、具體的、能打動人心的圖畫，然後再化為語言，像放電影一樣有聲有色地描繪給你的客戶聽。把它能給顧客帶來的感覺，從影像、聲音、味道、感受等方面描述出來。簡而言之，就是從以下三方面引導客戶在他腦中構圖。

- 客戶如何使用這個產品？他會利用這個產品做些什麼？
- 客戶想要從產品中得到什麼？簡單地說，用了這個產品，客戶會獲得什麼好處？
- 客戶在使用這個產品時，會是什麼樣快樂的景象？

當人們聽到某件事情，或者期待某種事物時，潛意識便開始勾勒出一幅畫面，然後意識便會根據這幅圖畫，決定自己是否要前往追求。因此，如果你賣的是車子，銷售時，你就必須在你的客戶前，勾勒出一幅使用這台車子的美好畫面：「有了這部車，就可以載著心儀的人去兜風，讓他感受到你的美好品味。」如果你賣的是房子，你必須讓客戶展開一幅幸福的想像圖：「在這個安靜、溫馨的空間，家人一起坐在布置素雅的客廳聊天、喝茶，共享溫馨的天倫之樂。」如果你要銷售一個海外旅遊行程，可以從聽覺、嗅覺、味覺、處等四方面來介紹：

項目	話術
聽覺	當你坐在海邊的棕櫚樹下，可以聽到海浪沖擊沙岸的大自然音響，以及海鷗奔放不羈的叫聲。
嗅覺	你可以聞到松樹或剛剛收割的稻穗香氣。
味覺	你可以去逛逛那裡的鄉村商店，拿起那裡的草莓，品嚐酸酸甜甜、花蜜般的味道。
觸覺	你取來一支獨木舟的划槳，那木頭十分平滑，手握起來很舒服，讓你充滿了向大海滑去的活力。

總之，竭力在客戶的頭腦中勾勒出美好畫面，喚起客戶的美好感覺。記住，畫面愈有吸引力，愈能打動客戶、激起客戶對這幅美麗圖畫的嚮往。當顧客不自覺產生嚮往，他的意識就會告訴他：值得購買。

所以，你必須讓客戶陶醉在你的產品之中，讓他充分感受這個產品的好。最直接了當的，就是讓他操作或試用這個產品。例如賣化妝品時，你可以讓她抹一抹，然後告訴她：「您抹在臉上是不是感到很潤滑但不油膩？而且皮膚顯得更加白嫩！」如果你銷售的是車子，你可以讓他們摸一摸方向盤、車身，進到車裡坐坐皮椅，再聞一聞皮椅味道。聽到不如看到、看到不如摸到，產品的操作最好交給客戶，你只需要站在一旁指導和說明。事實上，讓客戶親自動手，他才會找到感覺，這比你親做示範更有說服力。

潛意識溝通法

在一般人印象中，潛意識藏在意識的最底層，似乎只有在夢中才會展現出來。其實潛意識主宰著人的思想，在銷售、談判或是辨論的過程中，潛意識常從心靈深處引導一個人的作為。因此，潛意識存在的慾望，亦即你生命深處真正想要做的事情，倘若非常強烈，最終一定會達成結果。

據統計，一個人清醒的時候，平均每 75 分鐘就會進入一個精神恍惚的「易催眠狀態」。你應該有這樣的經驗：在公車上突然失去意識地睡著了；在熟悉的路上開車竟忘了轉彎；在說話的當下突然忘記要說什麼；看電視的時候，人家叫你都沒有聽見……這些都是標準的易催眠狀態。

當一個人意識模糊的時候，就進入了易催眠狀態，這時，他固執、堅定的意識會暫時消失，心中渴望某項事物的潛意識卻打開了。所以說意識跟潛意識不大能夠並存，意識愈弱的時候，潛意識愈強；意識超強的時候，潛意識反而很弱。於是在他進入易催眠狀態時，你可以和他的潛意識對話。

要與一個人的潛意識對話，除了抓緊時機，還要卸下你平時對他的刻板印象。例如有一個固執不肯變通、老是不願意為自己保險的人，他在你心中的評價應該是：「永遠都不會為自己想。」

然而，在他的潛意識裡，說不定藏著：「我要為女兒留下嫁妝。」「我未來生病時該怎麼辦？」的糾結思考。於是，你一定要相信，這個人的潛意識中，是想要保險的。

當你相信對方，就可以抓緊時機，展開最合適當下的「八大潛意識溝通法」。

1. 銷售「發生」三步驟

你應該聽過鬼故事吧！

如果你去參加一個深山中的露營，晚間四、五人圍著營火，在一片靜謐之中，突然有人提議講恐怖故事。一個人壓低聲音這麼開場：「這個故事很恐怖，你聽完以後，不敢照鏡子，不敢上廁所，等一下睡在帳棚也會心裡毛毛的直到天亮！非常恐怖喔！敢聽嗎？」這樣一來。在他還沒有講之前，你的心裡已經開始發毛。因為大腦意識到即將發生的事，所以你彷彿覺得要發生了。這就是「預告即將發生」的作用力。

應用到銷售面，在你要銷售任何產品前，可以跟對方形容「即將發生」的事（當然不是鬼故事）：「這間房子絕對是你夢寐以求的房子，你絕對會喜歡，它有你喜歡的一切。」因為這些話將激發他們的想像力和渴望度，他們會開始評估、思考銷售員說得是否正確。

當他買下產品，正在享受之時，你也要不定時地拜訪他，以正面的話語再次跟他確認：「房子的地毯真不錯，坪數很大價格又便宜，當時把握時機買下很值得吧！」

而當下次你們還有機會面對面談論下一筆交易，你依舊要不斷提醒他：「上次您買下的那間房子，你一定對地毯和坪數都很滿意，那麼接下來跟您介紹的是……」。

這就是「銷售發生三步驟」。運用到其他領域也是一樣，例如教育訓練方面：

即將發生	我等一下將要教你「成交」的祕訣，學會以後你將不再害怕被顧客拒絕，每一次訪談都可以成交！
正在發生	聽說你將上課所學運用得很好，頻頻創造成交的新記錄！那堂課果然值得吧！
已經發生	你才上過一堂就能有此表現，我們接下來還推出成交進階課程，你參考看看。

例如投資方面：

即將發生	我即將讓你知道如何擁有150個國家以上市場和商機，只要掌握這商機，就可以帶你的家人環遊世界，擁有財富的現金流，實現你的夢想！
正在發生	看到這個商機了吧！你才一開始做卻掌握得不錯！只要持續朝這個方向，就可以簡單經營國際市場！
已經發生	你在投資方面頗有慧根，最近公司另外推出一個投資方案，您想要瞭解一下嗎？

總之，把握最佳時間點，展開「發生三步驟」的遊說，顧客的潛意識一定會持續被你打開。

2. 直接聯想誘導

「當你……的時候，你會……。」

乍看之下，你可能以為這是國小國語課本的造句，然而這是利用情境假設，引導對方進入潛意識的一種話術。例如當顧客猶豫不決、不知是否要買預售屋時，你可以帶著他去看樣品屋，這麼對他說：「當你看到這間房子的一切，你一定會想要買下它。」

其他物品也都可以套用這個公式。

銷售物品	當你……的時候	你會……
健康食品	愈想與其他家做比較	愈會發現我們提供你的是最棒的產品
汽車	坐上這輛車子	感覺到這輛車子的舒適並想要擁有它
房地產	走過這個房子	忘記其他看過的房子，因為你知道在你生命中值得更美好的事物
財務服務	看著這個財務計畫	興奮起來，因為它會為你得到你所想要的一切
保險	正在考慮是否買保險	瞭解到給你的家人和孩子一份安全的保障是多麼重要

直接聯想誘導的關鍵，是在顧客心中建立一個美好的理想藍圖，引發他心中那種渴望幸福的潛意識。

除了「當你……的時候，你會……」這個公式，若能再補述原因，更有加分效果。如：「當你看到這間房子，你就會想要買下它。因為它從格局到裝潢都符合您心目中的希望。」

3. 三合一溝通法

所謂的「三合一」是指敘述 3 件事實，並向客戶提出 1 項要求，這個法則一般使用在客戶出現負面情緒或抱怨時。

當眼前的人已經築起心防，這時千萬不要急著銷售，而是闡述與產品有關的客觀事實，並讓他感受到產品的美好以及商量的餘地。

在各個領域都可以這麼使用。

銷售物品	事實	要求
健康食品	近年來國人的健康品質不斷下降，您剛才說你很注重健康，也關心年長父母的保健	因此您可以考慮一下我幫您搭配的「全家健康方案」
汽車	這部車可以跑山路，座椅非常舒適，座位數剛好符合您家族成員數目	您可以再開一圈，想像一下帶全家出遊的畫面
房地產	你看到一個很漂亮的庭院，也看到屋內光線充足，而且坪數非常大	所以你可以想像一下住在這裡的美好！
保險	我知道你很顧家庭，愛你太太和小孩，也想多賺點錢	所以今天想和你一起研究如何給家人更多的保障

甚至當顧客對產品顯露出毫無興趣的模樣，也可以使用三合一溝通法。例如你已經講得口沫橫飛，對方依舊愛理不理，這時你可以放鬆心情，以這樣的說法作為總結：「每一個人都希望做出好的選擇（事實），看來你目前對產品沒興趣（事實），我知道你今天可能不會購買（事實），但經過剛剛的說明，你已經清楚瞭解產品的內容，未來有需要請一定要找我（要求）。」

4. 叫出對方的名字

丹尼爾．霍華德博士曾聚集一群學生進行一個實驗。

實驗開始前，請全體試驗對象（學生）自我介紹，讓三位賣餅乾的銷售員一一記下他們的名字，當然，學生並不知道這三位是賣餅乾的。

接著，將學生們分為三組，逐一請他們進入三個小房間。每個房間裡都坐著一位銷售員。

第一個房間的銷售員會先叫出學生的名字，再與他寒暄；第二個房間的銷售員則會客氣地先說：「對不起，忘了你的名字，能夠再告訴我一次嗎？」接著再進行談天。第三個房間的銷售員則完全不叫名字，直接開始與學生聊天。

最後，這三位銷售員的話題都會轉向餅乾銷售，並在結束前，詢問學生是否願意購買剛剛介紹的餅乾。各組購買餅乾的學生比率分別為90％、60％、50％。顯然，一開始就被叫出自己名字的那一個房間，銷售情況最佳。

一個剛認識的陌生人竟叫得出你的名字——這樣的情況讓人印象深刻，甚至會產生好感。所以不論何種銷售現場，在一開始，就叫出對方的名字，已經幫自己加了100分！此後再請他完成任何指令，基本上對方都會非常願意。

5. 因為……

哈佛大學艾倫蘭格教授曾有個知名實驗。

實驗中針對已經站在影印機前、準備影印的人提出想插隊影印的要求。

A模式會這麼說：「對不起，我只有5頁要印，能不能讓我先影印呢？」

B模式則說：「對不起，能不能讓我先影印？因為我真的很趕……」

結果，對方讓 A 先影印的機率為 60%，讓 B 先影印的機率卻高達 93%。

艾倫蘭格教授分析，B 模式較能讓對方禮讓，是因為說出了「不得已」、「一定要這麼做」的原因。

應用在銷售方面，顧客為什麼一定要買你的東西？為什麼一定要跟你買？當你說出了一定要如此的原因，對方就會因為這個「強而有力的理由」而體諒或支持你。

例如在速食店人潮洶湧時，點餐人員必須請顧客等 10 分鐘。這時如果只是說：「抱歉人很多請您等 10 分鐘。」一定會招來抱怨。但若改成：「因為餐點是現做的，可以請您稍等 10 分鐘嗎？」那麼反而讓顧客覺得餐點很新鮮、值得等待。提出強有力理由多麼重要！

不只是銷售，在人際溝通方面也非常有效。曾經有位學員在上過我的「溝通高手」課程後，這麼分享：之前在追一個女生，想約她出來一直約不到，她永遠都有一百個很忙的理由拒絕我。學習到裕峯老師善用「因為……」的話術後，我改成這麼跟她約：「一起去看電影吧！因為你最喜歡的搞笑明星主演的新片剛上映！我買好票了，你星期六或星期日哪天有空？」

最後告訴大家如何在快要成交的關鍵，讓對方不拖延，馬上確認交易。你可以這麼說：「這產品你今天一定要帶回去，因為你說想要讓家人過得更好。手續很簡單，請填妥這份資料就好。」或是：「這台車子你等一下辦好手續，可以馬上開走，因為你告訴我，受不了開現在的舊車上班。」

給對方強而有力的理由，讓他馬上點頭！

6. 用「我們」取代「你」

稱呼對方時，除了叫名字，通常我們都會習慣用「你」。但有些時候，稱呼「我們」會讓對方感覺更親切，因為這表示「你」「我」絕非相互對立，而是站在同一條陣線，這會營造出一種合作的氣氛。

例如你說：「我們一起完成這份資料。」對方就不會覺得你在指使他做一件事情。

而如果你說：「讓我們來看看，如果你今天購買產品，能得到哪些額外的優惠！」絕對遠比「你今天購買產品，一定物超所值！」好聽多了。

雖然兩種說法的結論一樣，但「我們」句型讓客戶更容易接受。

7.「如果」處理法

湯姆．霍普金斯是一家房地產公司的銷售員。一天，他接手推銷一幢三層樓的辦公大樓，公司規定辦公大樓售價不能低於 26 萬美元。但他看過屋況後，發現房子有許多地方需要整修，要修好空調、管線設備、地下停車場等，少說也要花 4000 美元。

於是湯姆打電話給一位看過房子，有意願購買的客戶，說明屋況：「先生，您可以兩種方式購買到這棟辦公大樓，第一種方式是您出資 30 萬美元，由我們為您修好那些損壞的設施；第二種方式是您出資 27 萬美元，損壞的設施由您自己來整修。」對方馬上回答說要選擇第二種方式。

湯姆沒想到這麼輕鬆就以高於最低價格賣出了，心裡高興不已。但等到第二天湯姆要與對方約時間簽合約的時候，對方突然說價格太高，堅持要降價才願意成交。

於是湯姆這麼回答：「您知道這幢建築物有一定的價值！好吧！我盡力跟公司談談看，雖然我沒有十足的把握，但如果公司願意降價到 26 萬美元，當然您依舊得自行維修設備……如果我做到了，您願意接受嗎？」

結果客戶馬上回答：「如果能降到 26 萬美元，我決定買下，水管和停車場地面我可以自己來修。」對方沒想到還可以享受一萬美元的優惠，但其實這個價格本來就是公司給湯姆的底價。

上述故事有兩個層面的意義，首先是一開始的定價本來就要定得比底線高。而其次，就是本節提到的善用「如果……」來處理反對意見。

當顧客提出反對意見，希望再降價、再協商時，可以表現出為難的態度，但要認可對方的意見，讓對方覺得銷售員和他站在同一立場，盡力為他爭取權益。如此一來，就會像湯姆一樣，以真誠打動對方，甚至讓對方覺得獲得優惠。

另一種「如果處理法」也是先認同對方，接著再順著對方的話進行假設。以行銷一套教材為例，若對方認為是價格問題，就從價格跟他談；當對方懷疑內容是否值得，就用品質跟他談。如下例：

顧客：「不用了！價格太高！」

銷售員：「是的，您的說法我認同。那您的意思是不是『如果』我能為您提供一個更優惠的價格，您就可以接受，是嗎？」

顧客：「我不知道這套光碟內容好不好，對我有沒有幫助！」

銷售員：「所以『如果』這套產品內容好、對您有幫助，您就想擁有一套，是嗎？」

顧客：「我想是的！」

銷售員：「那好！我先寄一套給您試聽看看！」

8. 你是唯一

美國威斯康辛大學做過一項非常有趣的實驗，他們開了一個聊天室，找 10 位男大學生，告訴他們將透過電腦同時和 10 位女大學生交友，20 個人將在同一個聊天室互相認識彼此。

實際上這些「女大學生」不是真人，只是電腦的回應。而電腦早已將 10 個虛擬的女大學生設定以下三種模式：

- 對所有的男同學「不表示」好感
- 對所有的男同學「都表示」好感
- 對「其中一位」參與實驗的男同學表示好感

結果顯示，只對其中一位參與實驗的男同學表示好感的「女性」最受歡迎。由此可見，每個人都喜歡被特別重視，尤其喜歡聽到「你是唯一」這樣的辭令。

我個人特別愛去一家火鍋店，每次有聚會，我都會優先考慮那一家店，因為每次老闆都這麼跟我說：「裕峯老師：您是我最重要的客戶，我為您準備了招牌的滷大腸，只有您才有喔！」每天進入火鍋店的客人何其多，老闆卻彷彿將我視為最重要的客人，這就是讓我成為老主顧的原因！

因此，不論銷售哪一種產品，都要讓對方覺得你會特別為他開價，如：「只有你才會有這種便宜的房價！」「因為我們是好朋友，特別只有你，才有這份量身訂做的營養套餐！」

一項研究顯示，在口說語言中，有 24 個最具說服力的字詞，這些經過證實的字詞能保證你在未來得到更多愛、更健康的身心，也能省下更多錢，這些詞也是消費者最喜歡聽到的：

結果	金錢	保證	避免	最新
保證	最快	好處	限量	限時
現在	容易	暢銷	消除	改造
改進	已證明的	防止	量身訂做	健康
發現	免費	唯一	節約	

掌握以上八種「潛意識溝通法」，善用顧客最喜歡的字詞，就可以在不知不覺中，成為顧客信賴、喜愛的對象，因為你攻占了他的潛意識。從潛意識影響銷售，其成效絕對超出你想像！

15分鐘成交note

從聽覺、嗅覺、味覺、觸覺四方面來介紹你的產品！

項目	話　　術
聽覺	
嗅覺	
味覺	
觸覺	

反覆練習這些技巧，適度加以設計與掌握，你絕對可以成為自由自在與人溝通、同時成交率大為提升的的 Top Sales。

十大快速成交祕技

傾聽在先，靜觀局勢，

一出手立即破冰，

可以沉默、偶爾強勢，

讓對方意識到真正的需求。

必要的退讓與成全，都是為了成交。

你正一步一步成為銷售王！

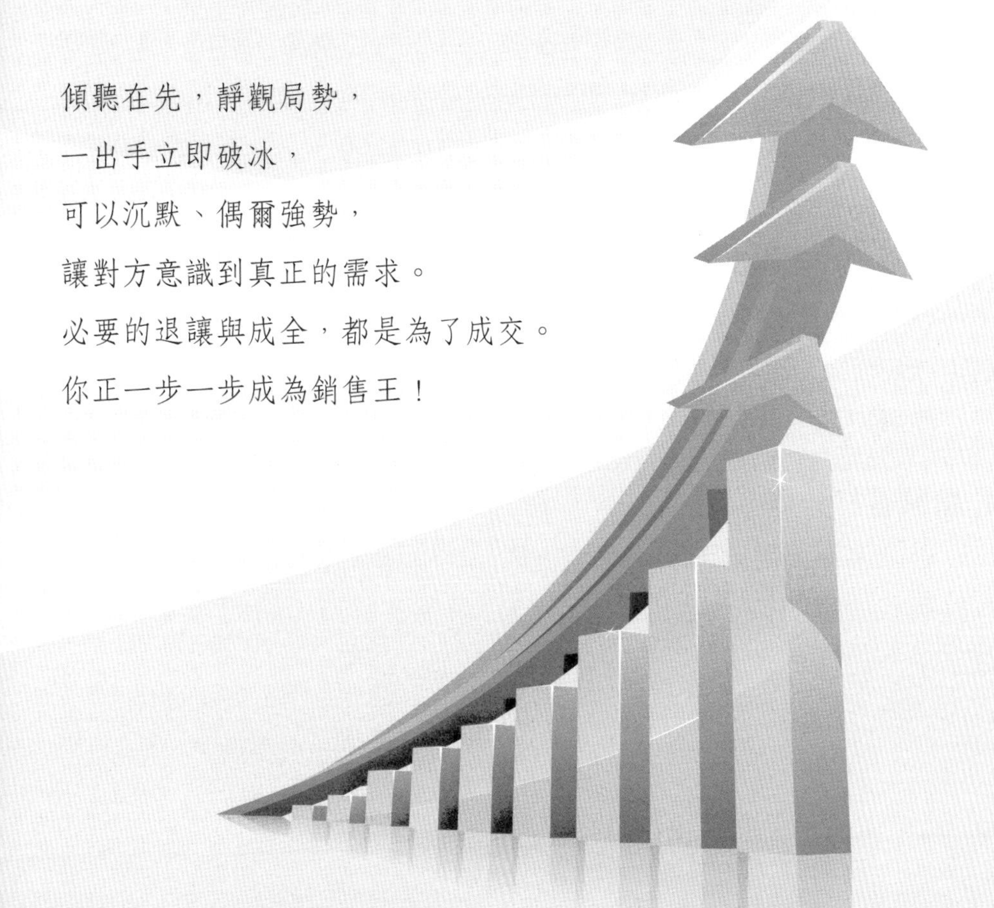

unit 01 －10 到 10 成交法

當你已經掌握成交心法、成交話術，接下來就進入實戰階段。此時往往是成交與否的決定關鍵，究竟要如何讓對方心甘情願地買單？

你可以先與顧客共同設定一個「–10 ～ 10」的範圍，在他的心中，若產品成績為負數，不買是理所當然；但倘若他為產品打的分數達到 10 分，他就願意買單。然後詢問眼前的商品在他心中大概得到幾分。

如果他回答的數字為負，那麼就誠懇請教他，究竟是什麼原因，竟讓此產品在他心中只能得到負分。

其實一般來說，客戶極少會回答負分，而是會給一個 1 ～ 9 的數字。於是，你就可以針對不足 10 分的原因，一一解決。這就是「–10 到 10 成交法」，第一個 10 分為負數，第二個 10 分為正數。

簡單來說，就是使用三個步驟，將話題鎖定在產品與服務。

1. 請顧客打分數

舉例來說，經過了開場寒暄、產品說明後，業務員可以這樣問：「經過我的說明後，如果滿分 10 分您就願意購買，請問您現在打幾分？」

2. 如果要達到 10 分，哪些地方需要更好？

如同前面所提到，一般客戶不會給負分，但也不可能一開始就給高分（倘若真的給高分那就直接成交了），因此，大概分數會落在 3 ～ 7 分之間。接下來我們來模擬一下顧客答覆業務員的後續對話。

小王：「6 分。」

業務員：「如果要達到 10 分，有哪些地方需要更好，才會讓你想要馬上擁有這個產品？」

小王：「產品內容應該再說明詳細一點。」

業務員：「是不是讓您更瞭解產品內容後，您就會馬上做決定？」

小王：「還有，如果可以再便宜一點的話⋯⋯」

業務員：「是不是只要更瞭解產品內容，還有再便宜一點，您就會馬上做決定？」

小王：「是。」

3. 解決問題然後成交

現在，你只要解決這兩個問題，小王就會當場決定。

如果客戶的問題只是「說明不夠詳細」，這非常容易能夠解決。但一般來說，「價格太高」往往是客戶的共同問題之一。這時，你要在自己的能力許可下，決定給對方多少程度的優惠。

然而要達到雙方心目中皆滿意、理想的價格並不簡單，有時也需要再次申明產品的價值，讓顧客覺得買到物超所值的產品。總之，必須想辦法去解決問題，只要解決問題，客戶就會當場決定。

但切記，不要一直問顧客還有什麼問題，將重點放在「解決他的顧慮」即可。若拼命詢問，等於是引導顧客努力去想還有什麼問題，這不見得是好事，可能會朝負面方向思考，造成反效果。

當然，也許他最終的購買決定不是 YES，而是 NO。我就遇過這樣的客戶。即使我當下立即解決他在意的部分，也讓產品在他心目中得到了 10 分，但客戶依舊決定不買單。萬一如此，也不必氣餒，因為這筆成交不在當下，也會在未來實現。用心為顧客解決問題的業務員，絕對能擄獲顧客的心。即使這次不買單，下次也會找你。

總之，「–10 到 10 成交法」不僅是一個話術，也是一種長期的心理戰術。

為你的產品設計「–10 到 10 成交法」對話，想像你可能會遇到什麼樣的要求並解決之。

業務：經過我的說明後，如果滿分 10 分您就願意購買，請問您現在打幾分？

顧客：＿＿＿＿＿＿＿＿＿＿＿＿＿＿＿＿

業務：如果要達到 10 分，有哪些地方需要更好，才會讓您想要馬上擁有這個產品？

顧客：＿＿＿＿＿＿＿＿＿＿＿＿＿＿＿＿

業務：是不是＿＿＿＿＿＿＿＿＿＿＿＿＿＿＿＿＿＿＿＿

＿＿＿＿＿＿＿＿＿＿＿＿＿＿＿＿＿＿＿＿＿＿＿＿

（解決上述問題）後，您就會馬上做決定？

顧客：＿＿＿＿＿＿＿＿＿＿＿＿＿＿＿＿＿＿＿＿＿＿

業務：是不是＿＿＿＿＿＿＿＿＿＿＿＿＿＿＿＿＿＿＿＿

＿＿＿＿＿＿＿＿＿＿＿＿＿＿＿＿＿＿＿＿＿＿＿＿

（解決上述問題）後，您就會馬上做決定？

顧客：＿＿＿＿＿＿＿＿＿＿＿＿＿＿＿＿＿＿＿＿＿＿

–10 到 10 成交法的背後，更是一套提升自己服務的測試。你可以多方嘗試，究竟要退到哪一層底線，顧客才願意買單？不論成功或失敗，將自己使用這套成交法的過程記錄下來，你會發現，自己更能拿捏客戶的整體成交心理。

unit 02 沉默成交法

日本推銷專家原一平曾拜訪一名司機。這位司機堅決認為自己絕對不會向原一平購買人壽保險，他之所以與原一平見面，只是因為原一平有部可播放彩色有聲影片的放映機，這在當時是相當珍貴罕見的，這位司機從來沒見過，所以才願意與他見上一面。

會面的過程中，原一平播放一部介紹人壽保險的影片給司機看，影片在最後提出了一個問題：「它，將為你和你的家人做些什麼？」然後嘎然而止。影片結束後，兩人都靜悄悄地坐著不說話。現場沉默三分鐘，原一平始終不動聲色，而司機內心卻經過一番天人交戰，靜謐的氣氛讓他不斷思考影片內容。終於，司機開口對原一平說：「現在還能參加這種保險嗎？」

結果，原一平成功簽了一份上萬元的保單回家。

沉默 30 秒，誰先開口就輸了

大部分的業務員在客戶不講話的時候，為了掩飾自己的慌亂，常常自亂陣腳，不自覺地一直試圖暖場。頂尖業務員剛好相反，他不會主動開口說話，打斷顧客的思路，因為他知道，在這個沉默的時間中，客戶正在思考：「我到底買還是不買？」

在你說明產品以後，適時的沉默，表面上好像把決定權交到客戶手上，但是這段沉默的時間，對顧客而言，他所承受的壓力絕對比業務員來得大，極少數的顧客，能夠保持沉默超過兩分鐘。

因此，在臨門一腳之際，講太多話是不可能成交的。最好的方法就是客戶不說話，你也不可以說話，就在旁邊靜靜地等待他，但要切記，不可流露出慌張的情緒。靜默至少維持 30 秒的時間，且設法讓客戶成為第一個開口說話的人。只要沉默時間拿捏得好，你就成功了。

化解沉默的尷尬

一般來說，沉默持續的時間愈長，顧客同意購買的可能性愈高。不過需注意的是，在這個時候，儘管只是幾秒鐘的沉默，潛藏的壓力卻會讓人感覺已經過了幾分鐘；幾分鐘的沉默則讓人感覺好像已經過了幾小時。也就是說，沉默的時間過長，效果只會適得其反。因此，如果雙方僵持的時間超過 3 分鐘，以致整個場面無比尷尬時，就要想盡辦法來活絡僵化的氣氛。

例如剛好碰到比你耐心一百倍、或始終不願打破僵局的顧客時，你可以這麼說：「我媽媽曾經告訴我說，沉默就是代表同意，這是我第一次感覺到這好像還挺有道理的。讓我們來完成一下手續吧！你只要在這裡簽個字，剩下的事情交給我來替你處理！」

或許客戶會覺得你在開玩笑，然而你的態度卻又如此認真而從容！有需要時，也可以說一個笑話來化解僵局，總之，讓客戶笑是很重要的一件事，客戶笑了就容易成交，只要化解客戶的防心，一切都會往好的方向進展。

練習自己的「沉默」能耐，同時暗中觀察能否不看錶、依然掌握到約略的時間。

沉默時間	10 秒	20 秒	30 秒	40 秒	1 分鐘	2 分鐘	3 分鐘
練習完成（✓）							
完成日期							

沉默成交法並不是看誰比較會忍耐，而是在較量兩人的從容程度。這需要長期訓練——尤其是個性急躁的人，因為他們往往會受不了僵局而自己先開口暖場。

unit 03 物超所值成交法

在銷售的過程中，「價格」是顧客最關心的話題。每個顧客都會挑剔價格，只不過，顧客挑剔的或許不是價格本身，而是與價格相關的其他因素，例如產品的品質（如此品質值得這樣的價格？）、服務態度（業務的服務態度值得我付這個價錢？）、優惠（提供的優惠讓我覺得價格夠划算）等等。

因此，遇到跟你斤斤計較價格的顧客時，不需要和他爭辯，相反的，應該感到欣喜。因為，只有在客戶對你的產品感興趣的情況下，他才會關注價格。只要你讓他覺得價格符合產品的價值，甚至超越其價值，那麼，成交機會自然大增，這就是「物超所值成交法」。使用方法請見以下三個步驟。

1. 反問價值

當顧客咄咄逼人，一直在「太貴」、「買不起」、「值得嗎？」等話題繞來繞去，你可以反問：「先生／小姐，請問您是否曾經不花錢就可以買到東西？」當然贈品不算，我指的是「買」到東西。

「買東西當然要花錢啊！」一般顧客會這麼回答。

於是業務可以接著再問：「那麼，您曾經買過任何價格便宜，但品質卻很好的東西嗎？」

通常顧客會側頭開始回想，這時，你要耐心地等待他的回答。他可能會承認沒有，也可能從來就不期望他買的便宜貨能有多高的價值。即使顧客堅持曾買到物美價廉的產品，應該也是極少數。

2. 講道理

此時你可以和他分享買到便宜貨，結果在緊要關頭出糗的經驗。例如我有一位女性朋友就曾悔不當初地提到，稍早因為貪便宜，在路邊買了三雙非常好看的跟鞋，後來出席一場婚宴，卻在走向新人敬酒的途中，鞋子的跟斷裂，當場窘到想鑽入地面。

說完自己的經驗，再問對方：「您是否覺得一分錢一分貨很有道理？」

「一分錢一分貨」是買賣最偉大的真理，當你用這種方式來引導時，顧客幾乎都會同意你的說法。

在日常生活中，不可能不花錢就能買到東西，也不可能用很低的價格卻買到很好的產品，想想你每次為了省錢而去買便宜貨時，是不是往往悔不當初？

3. 提供最好的交易條件

最後，你可以用這些話來作為結尾：「我們的產品在這個競爭的市場中，價格是很公道的。我們可能沒辦法給您最低價格——而且您也不見得想要這樣，但是我們可以給您目前市場上這類產品中最好的交易條件。」

以價格高低決定是否購買，結果卻不一定划算。沒有人願意為了一項產品投資太多金錢，但有時投資太少，也有它的問題所在。投資太多，最多損失了一些錢；投資太少，卻可能要付出更多勞力、補償或懊悔。在這個世界上，很少有機會用最少的錢買到最高品質的商品，這就是經濟學的真理。

十倍價格測試法

如果顧客還是躊躇再三，你可以這麼圓場：「先生／小姐，多年來我發現，要精準評估、確認某項產品的價值，就是看它是否禁得起十倍測試的考驗。」

比如說，你可能在房子、車子、珠寶及其他能為您帶來樂趣的事物上，各投資了一百萬元。之後，也的確擁有這些東西。但真正擁有之後，你可以肯定地說房子（或車子、珠寶）帶給你的價值，真的值一百萬？假如要你付出十倍的價格——也就是各拿出一千萬來換取房子／車子／珠寶，你願意嗎？

然而，當你投資一百萬在健康諮詢上，不僅身體得到大大改善，外型也完全改變，進而提升了自信心，甚至讓收入倍增。以上總值已經超過一百萬，因此你會願意付出十倍價格來擁有它。換句話說，當你擁有某產品一段時間之後，發現它對你造成的改變，使你願意付出十倍的價格來擁有它，那麼就可以證明這項產品「物超所值」。

總之，讓你的客戶知道，你的產品絕對「物超所值」，只要他想通這一點，他就知道把錢花在不會賺錢的地方，是錯誤的決定，是一種浪費；而物超所值的產品，將讓他獲得十倍、百倍的收益。

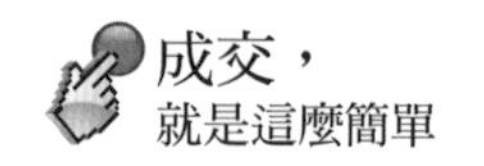

15分鐘成交note

寫下你的產品三大「物超所值」的地方。

(1)第一大「物超所值」：________________________________

____

(2)第二大「物超所值」：________________________________

____

(3)第三大「物超所值」：________________________________

____

金錢是一種價值的交換，你一定要塑造出自己產品的價值，假如你的產品真的有這種價值的話，就可以採用「十倍價格測試法」讓顧客反思。

少喝一杯咖啡成交法

每個消費者都想要少掏一點錢出來，卻想買到擁有最大收益的產品。要讓付錢的數目變小，必須使用「除法」；而讓顧客收穫的感覺極大化，則要使用「乘法」。

案例一

李太太，這項健康食品的投資一年是 40900 元，平均一個月 3400 元，一天只要 113 元，比一杯星巴客咖啡還便宜！你只要少喝一杯咖啡，今天的投資就有著落了。（付出極小化）

此外，以少於一杯星巴客咖啡的價格，卻換來進軍國際市場，代理優質產品的機會！還可以讓你環遊世界，實現夢想；讓家人過得更好更健康！這樣的商機應該值得把握，不是嗎？（收穫極大化）難道你會為了省 113 元，放棄賺 5 棟房子或 5 輛車子的機會？

案例二

陳先生，這份保單很划算，你看保費平均一天只要 80 元（28800 元／ 12 個月／ 30 天），跟一個便當的價格差不多。（付出極小化）

保費雖然便宜，但卻擁有 100 萬的保障，而且每三年還可以領回 10 萬元，如果領到 90 歲，總共可以領到 200 萬！（收穫極大化）

案例三

《如何成為銷售冠軍》的課程是 40000 元，假如從這個課程所學到能力，能讓你使用 5 年的話，那麼平均算下來，40000 ／ 5 年／ 12 個月／ 30 天，一天大約只要 20 元。（付出極小化）

20 元連坐計程車、買一杯星巴克咖啡、吃一盒便當都不夠。但是一天只要投資 20 元，就可以讓你學到說話的技巧，把錢收回來的能力；可以讓你實現夢想，月入百萬、買房子、車子……想想看，你不會為了這 20 元，而讓你少了幾間房子、幾台車子吧？（收穫極大化）

將投資額細分到每一天

任何有關錢的問題，我們都要把它細分到每一天的投資金額。

當顧客說：「你們的健康食品比較貴……」

你應該問他：「比別人貴多少？」

如果顧客回答：「貴了 200 元。」

你要反問他：「那麼這個健康食品你吃多久？」

倘若顧客回答：「至少用半年。」

那麼接下來你可以問：「所以，每天平均多了多少錢呢？是不是只多了 1 元？」

如此，你就可以順勢引導他：「那麼你願不願意每天多投資 1 元，來獲得真正對您有幫助的產品？你是否願意讓這個產品幫助讓您的皮膚更健康、更美麗、更有光澤、更有彈性？」

當你懂得活用這個概念，你就很容易解決錢的問題了。

1. 先看一個例子

【例】產品：可以載全家人四處出遊的房車				
使用時間	20 年 （使用年限）	一年	一個月	一天
價格	80 萬元 （總價）	4 萬元	3334 元	112 元

【話術】您只要平均每天投資 112 元。就可以擁有一台載著全家人出遊的豪華房車。

2. 填入你的產品名稱、使用年限、總價，計算一年、一個月、一天所需價格。

產品一：				
使用時間	年 （使用年限）	一年	一個月	一天
價格	元 （總價）			

【話術】您只要每天多花＿＿＿＿＿元，就可以擁有＿＿＿＿＿＿

＿＿＿＿＿＿＿＿＿＿＿＿＿＿＿＿＿＿。

產品二：				
使用時間	年 （使用年限）	一年	一個月	一天
價格	元 （總價）			

【話術】您只要每天多花＿＿＿＿＿元，就可以擁有＿＿＿＿＿＿

＿＿＿＿＿＿＿＿＿＿＿＿＿＿＿＿＿＿＿＿＿＿＿＿＿＿。

聚沙成塔，積少成多，將成本分散到每一天，除了減輕顧客心理上的壓力，更是一種「每日儲蓄」、「每日節約」的提醒。

記住，用「除法」讓客戶的付出感極小化；用「乘法」讓客戶的收穫感極大化！

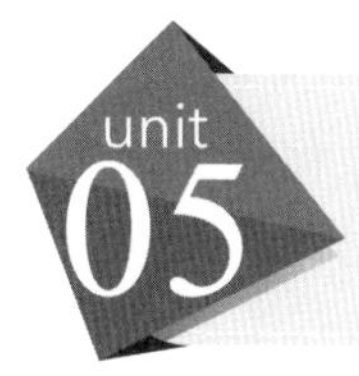

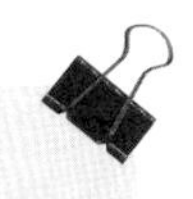

unit 05 長方形成交法

面對不同類型的客戶，要使用不同的說話技巧。而第一次見面或不甚熟悉的客戶，要用什麼方式應對？

有一種簡單的心理測驗，能初步瞭解顧客的個性與特質，掌握此特性即可加速成交時間，這就是「長方形成交法」。

剛見面時，你可以對眼前的客戶說：「我最近在研究一個心理測驗，想請您玩玩看準不準！」

然後將預先準備好、畫有下面三個圖形的紙張（或電子銀幕）show 給他看，問：「不用思考太久，請問您在第一時間覺得這三個圖形有什麼不同？彼此間有什麼關係？」

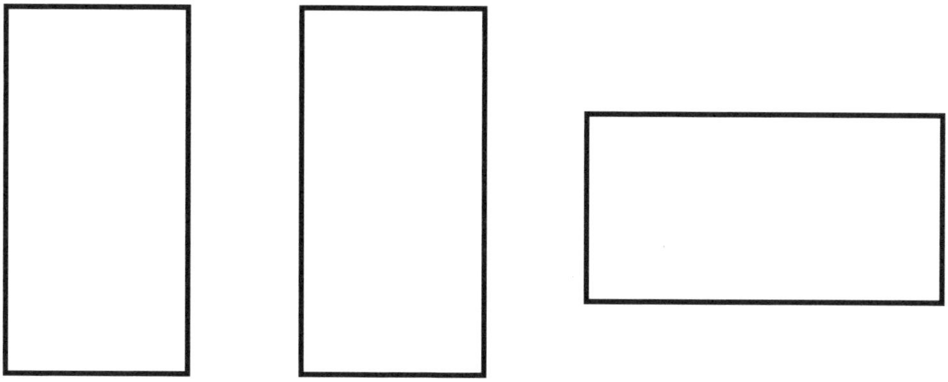

針對不同的回答方式，測驗結果將人分為四種類型。接下來，你要具備兩套思路，展開「明」、「暗」兩種行動：一邊是將心理測驗結果解釋給客戶聽，甚至還給他一些「好運建議」（明）；另一方面，暗暗確認他是哪一類型的客戶後，開始施展你準備好的四套話術其中一套（暗）。

給客戶的心理測驗結果

紙張（或電子銀幕）上顯示的三個圖形，無論從哪個角度看，都是三個長方形。實際上，三個圖形大小、線條粗細都相同，只是兩個垂直放置、一個水平放置。

但即使如此，每個人在第一時間對圖形的觀察重點都不一樣，因此會產生不同的感覺。

你可以針對顧客的回應，將他們歸類為 A ～ D 四類型人，再將下方表格的分析內容與他分享。

若顧客回答：「沒什麼不同。」「面積好像差不多。」「三個有差嗎？」「不都是長方形嗎？」，那麼他屬於 A 型人。

若顧客回答：「有兩個是直的，有一個是橫的。」「有兩個是一樣的。」「有一個跟其他兩個不一樣。」，那麼他屬於 B 型人。

若顧客回答：「有一個長方形好像歪了。」「有一個線條比較粗。」「有一個好像比較大。」，不過最後還是說：「三個圖形其實很類似。」那麼他屬於 C 型人。

若顧客有點失去耐性，直接回答：「這是哪門子遊戲啊！」「三個圖形根本沒有關連！」，那麼他屬於 D 型人。

	給顧客的分析	好運建議
A 型人	您是個隨和的人，與任何人都能成為好友。但習慣使用固定的物品，較少嘗試不熟悉的領域。	嘗試挑戰不熟悉的事物，生活中將更見驚喜！
B 型人	您是個感性的人，對於合得來的朋友相當講義氣，容易成為小圈圈的領導者。	將交友圈子擴大，能夠結交到更多類型、具備各項才藝的朋友。
C 型人	您是個相當理性的人，能敏銳發現事物的變化。認為凡事皆有例外，即使遇到好事也會立即想到反面損益。	維持理性思考的部分，再多放點感情，會讓更人覺得溫暖體貼。
D 型人	您是個具備批判性思考、頭腦清晰銳利的人。對於沒有意義的事情不加理會，專注於自己喜愛的事物上。	看來無聊的事物也可能有其意義，以輕鬆一點的態度生活，將更為愜意！

一般人對於心理測驗並不排斥，透過小遊戲，很容易讓人放鬆心情，並拉進彼此間關係。即使顧客跟你抱怨最終的分析不大準確，您也可以用討論的方式，詢問他的看法，並逐步修正這個小遊戲的分析結果。但別忘了，這個測驗的最終目的，是要理解對方適合用什麼話術，才得以成交，所以重點在下方的「四套話術」。

給業務的四套話術

以下的內容，業務應私下記住，絕不要讓顧客發現你在分析他，這是非常失禮的！

經過上段分析，你大略可以知道 A 型人、B 型人、C 型人、D 型人的個性。針對他們不同的特質與思考模式，可以採取適合他們的推銷模式。

A 型人：配合型

看著三個長方形，回答「沒什麼不同」的配合型顧客，其實沒什麼主見，容易受到他人影響。

但有時 A 型人也會被自己的主要感覺左右。例如橫擺在他眼前的四個物品，如果三個他都覺得不錯，其中一個沒什麼感覺，那麼他會說「整體都不錯。」但若有一個覺得不好，其他三個沒什麼感覺，他就會認為全部都不好。不過，只要旁人提出意見，他們也容易產生認同。

雖然 A 型人不怎麼堅持意見，在使用物品方面卻不喜歡太大變化，所以經常使用同樣廠牌、或同類型的東西。

面對這類顧客，要善用他「易受人意見影響」的特質。你必須先給他一個愉快的購買經驗，而這項產品也要是他一直以來熟悉的類型。當你不知道他究竟喜歡哪類產品，可以這樣問：「你有沒有買過一個不錯的產品，總是讓你感到滿意呢？」「為什麼這項產品讓你如此滿意？」

而在介紹自己的產品時，不忘強調：「我們的產品就跟你以前買的那個一樣好，當你買回去之後，你同樣也會滿意。」

B 型人：同中求異型

面對三個長方形圖，首先分析出兩個是一樣，表示這類顧客看事情時習慣先看相同點，再看不同處。換句話說，他們最常思考的是「這些東西的差異點在哪裡？」，這就是 B 型人的特色。

處理事情時，B 型人會先進行整體比較，然後將同類聚集，異類分離。他們對於熟悉的、志同道合者可以很快釋出善意；遇到陌生的、感覺不搭的事物他們則會立即築起一道防線，小心翼翼地交涉面對。所以若顧客為同中求異型，一定要先稱讚他，讓他放下敵意，例如：「先生／小姐，您真的很有眼光，來到我們的保險公司。」

若你發現對方反應冷淡，要利用他善於比較的能力，這麼說：「我知道你一定也在考慮其他公司的保單。目前跟我們公司推出類似保單還有甲公司，它們的保單也很棒，有三大優點……，但我們公司還有一些是甲公司所沒有的優點。」

先說完甲公司的優點，再列舉說明你的產品更具優勢處。甚至你可以退一步這樣說：「我誠懇的建議您，假如今天因為價格的關係，你沒有跟我們保險，我絕對建議你去購買甲公司的保單，因為它的確是市場第二好的保單。」

C 型人：異中求同型

先看不一樣之處，再看一樣的點，這就是 C 型人的特色。

人的視覺往往不一定可靠，即使三個相同的東西，看久了也會覺得不一樣。但能在相同的東西中感受到異樣的人，個性一定非常仔細，且充滿猜疑之心。這類型顧客不相信絕對的事，也不相信完美。

總是認為凡事皆有例外，持續思考著另一個面向。因此，當你愈有信心地介紹產品，他就愈不購買，故意與你唱反調。

面對這類型顧客，話不可說得太滿，可以視狀況地自嘲一下：「我們的產品有百分之五十以上的顧客覺得有效，但有時候也有例外。另外那百分之五十使用之後還是覺得不太滿意，我也不知道為什麼。」因為當你這樣講的時候，此類型的人反而會覺得你很客觀，成交機會自然提高。

D 型人：拆散型

不喜歡把時間浪費在沒有意義的事物上，就是 D 型人的特色。

這類型顧客感官異常敏銳，有時說話帶刺，他會不斷找你話中的漏洞，或專注於你產品的缺點。由於他永遠看到缺失與漏洞，因此必須用「激將法」。

當你說：「我想你不需要這個產品。」

他反而會跟你說：「我需要」。

當你說：「你不必使用，別人使用就可以了。」

他會說：「我就是要用。」

總之，對於遲遲無法成交的客戶，你可以試著跟他玩這個長方型的心理遊戲。或是你乾脆把這三個長方型印在名片後面，顧客看到了一定會產生好奇心，問你這三個長方型是什麼意思？那麼測驗就開始了！

15分鐘成交note

為自己設計一套針對四類型客戶的銷售話術。

	銷售話術
A 型人	
B 型人	
C 型人	
D 型人	

有些人不會跟你講真正的答案，因為他要先看看、先觀察你在做什麼，甚至故意騙你，讓你產生誤判。而這個必須靠長年的訓練才能分辨，只要純熟度夠了，自然可以輕易判斷顧客的類型。

unit 06 3F 成交法

在與顧客溝通的過程中，難免會有一些衝突或阻礙，比如被抱怨產品價格太貴、合約的條件不好，或是他從別人那裡聽說你的產品有缺點。遇到這種情況，就要使用 3F 成交法。

3F 成交法亦即：先表示理解客戶的「感覺」（How You **Feel**），接著再舉一些事例，說明其他人剛開始也有如此類似「感受」（How Others **Felt**），但在他們使用產品之後，才「發覺」這項產品非常值得（They Finally **Found**），還好有買下來，沒有被其他人錯誤的意見所左右。

舉例來說，如果客戶抱怨產品價格太貴，你先誠懇地表示了解他的不滿，接著把別人的經驗一點一點地分享出來，說明其他人最後發現我們公司產品是如何的「物超所值」，逐漸改變客戶對產品太貴的感覺，消除客戶購買的障礙。透過這樣的過程，客戶抱怨的心情就會逐漸緩和下來。

錯誤示範

如果你一開始就採取敵對的態度，對客戶說：「你認為我們公司的產品貴，但我覺得一點都不貴。」或是當客戶抱怨：「你們公司的產品品質實在有夠差。」而你馬上頂回去：「如果我們公司產品品質算差，那市場上就沒有好產品了。」

這樣敵對下去，一定沒有好結果。

表示「理解」對方的話術

相反的，如果你說：「王大哥，您說我們開課時間過長，我了解您的感覺（How You **Feel**）。我們有一家首次配合的企業主管，也曾經說為何要連續開課六週，且時間都在早上（How Others **Felt**）。但是後來他們的員工經過培訓之後，發覺早晨上課狀況最好，且兩個月後業績提高了三倍以上，才體會到這套培訓的獨特之處（They Finally **Found**）。這樣您應該沒有其他顧慮吧？」

或者是：「陳總，您說價格太貴，我理解您的感覺（How You **Feel**）。剛開始某某公司的王總也認為價格可以再壓低一成（How Others **Felt**）。但使用過我們的產品後才發覺，這套產品對他自己和家人的健康非常有效，簡直物超所值（They Finally **Found**）。您何不買一套先試試？」

又或者：「劉大姊，您擔心會受騙，我了解您的感覺（How You **Feel**）。我剛開始也覺得這是一般的傳直銷（How Others **Felt**）。後來我去研究，才發覺這個制度比一般的傳直銷好上百倍（They Finally **Found**）。所以您明後天或者哪天有空，可以一起過來研究？」

帶著微笑，表示能夠理解對方，是非常溫暖的作法。不要被客戶的情緒影響，從容悠然地聆聽他心中想法，真實訴說過去經驗，一定能打動他！

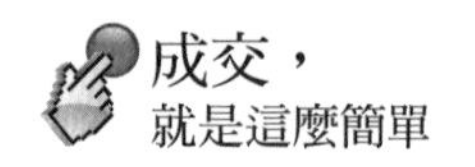

15分鐘成交note

針對你的產品，設計一份 3F 話術，作為你的產品被質疑時的準備。

我的產品是：＿＿＿＿＿＿＿＿＿＿＿＿＿＿＿＿＿＿＿＿＿＿。

可能被抱怨的地方有：＿＿＿＿＿＿＿＿＿＿＿＿＿＿＿＿＿＿。

	你的話術
How You Feel	
How Others Felt	
They Finally Found	

每個人都不喜歡自己的想法被反駁，所以當顧客提出反面意見時，你第一步先是認同他，之後再以其他人的成功經驗來說服他，如此溝通才能在愉快的氛圍下進行下去。所以 3F 成交法，是一種可以讓客戶喜歡你的成交法。

unit 07 FABE 成交法

顧客買東西不外乎是要從中得到利益、好處，因此巧妙處理顧客關心的問題，不需要催促，他也會主動買單。FABE 成交法也可以說是「利益推銷法」，亦即利用特點（Features）、優勢（Advantages）、好處（Benefits）和證據（Evidence），協助顧客更清楚了解商品的強項，進而願意花錢投資。

Features 指的是產品眾多基本資料當中，最具特色的部分。通常可以指產品的原料構成、成分、來源、規格、構造、性能、外觀款式、色澤味道、包裝、品牌、送貨、安裝、用途等方面。例如：「這件衣服的特點就是質料舒適通風，夏天流汗也絕不會不舒服。」

Advantages 則是產品在同類商品當中，特別突出的點為何？比起其他廠牌，更能做到什麼？例如：「這個保險專案與其他的絕對不同，一份保單就囊括意外險、醫療險、儲蓄險三項。」

Benefits 重點在強調顧客所能得到的利益與好處，它可能是無形的，卻是能帶來幸福的。因為人們最想知道，他們「為什麼」應該購買？目的為何？例如：贏、成就感、成功、快樂、幸福、自尊、時尚感、衛生、簡單、快速、熱忱、熱情、社會地位、健康、自信、自由、愛、關懷、安全感、幫助人、被認同、成長、省錢、升職、省時、省電、財富、友誼、名聲、好玩、勇氣、發展性、信仰、影響力、學習、實現夢想、變年輕、變漂亮、變瘦等。

Evidence 則需要事先準備，包括技術報告、顧客來信、證明書、樣品報刊文章、照片、示範等。因為證據具有足夠的客觀性、權威性、可靠性和可見證性，拿出證據，就能提高顧客的信任感。

簡單來說，就是以下四個步驟：

- 第一步：找出顧客最感興趣的產品特點。（F）
- 第二步：分析這項產品勝過其他產品的優勢。（A）
- 第三步：找出產品能夠帶給顧客的利益。（B）
- 第四步：最後提出證據，證實該產品絕對能帶給顧客實質利益。（E）

所以你可以透過這四個步驟來構築成交話術：「本產品的特點是……，且優勢在……，擁有它之後……。這裡是……的證明。」

以「健康食品」為例，你可以運用的話術如下：

F（特點）	本產品的特點是採用黃金比例的頂級成分。
A（優勢）	很多營養補充品都是瓶瓶罐罐，而這瓶健康產品的優勢「只要一瓶」，就把所有人體需要的營養素 All in one，不再需要瓶瓶罐罐。
B（利益）	擁有它之後能更快速補充全方位的營養，又可以更省時和省錢，照顧自己和家人健康。
E（證據）	我們有提供產品成分說明書，以及通過各項機構的檢驗報告給您參考，讓您能夠放心食用。

以「奶粉」為例，你可以運用的話術如下：

F（特點）	我們的牛奶產地，來自紐西蘭天然綠色牧場，乳源來自高免疫健康乳牛，絕對無污染。
A（優勢）	奶粉更添加了一般牛奶沒有的脂肪酸 DHA，這是人體必需脂肪酸 DHA，所以對腦細胞的發育很有幫助。
B（利益）	小孩腦細胞的發育非常重要，喝了以後可以幫助提升智力，讓小孩學習更快、更聰明。
E（證據）	這牌子的奶粉已經通過檢驗，上面有合法檢驗標記，您也可以上網去查證。

以「洗衣粉」為例，你可以運用的話術如下：

F（特點）	這牌超濃縮洗衣粉，不含任何雜質或化學成分。
A（優勢）	只要一點點用量即可洗淨衣物，同時在洗過的衣物上不會留下洗衣粉殘留物。
B（利益）	使用這樣的洗衣粉，不但省錢而且安全衛生。
E（證據）	除了通過國家檢驗認定，我這裡還有 100 人的試用體驗，您可以看一下。

沒有人願意花錢購買不實用又毫無特色的商品，要讓自己的產品在同類品項中脫穎而出，使用者的證言是其關鍵。因此，即使是已經消費的顧客，也必須隨時關注他的使用狀況，若他的反應為負面，可作為改善的意見，如果是正面，那就成為你賣給下一個人的證言了！

15分鐘成交note

為你的產品寫下「FABE」，同時讓自己倒背如流。

F（特點）	
A（優勢）	
B（利益）	
E（證據）	

介紹自己的產品時，倘若從 FABE 四方面，都說服不了你自己，如何打動顧客？因此一定要精心琢磨出介紹自己產品的超強話術。

時間線成交法

每個人經歷的時空都會連接成一條「時間線」，也就是過去、現在、未來，會持續不斷地交互影響著。過去作的決定將影響現在，現在這一刻的想法也勢必影響未來；而當現在這一刻改變了，過去所作的那個決策，在你心中的意義也會猛然提升。

由於人的想法、生活都不斷在改變，「過去」不需要，不代表「現在或未來」用不到。你只要讓顧客知道這件事情，為他營造、模擬一個彷彿親臨現場的情境，就等於使用了「時間線成交法」。

銷售人員在運用「時間線成交法」時，要具備「說故事」的技巧。因為對於尚未發生的事情，必須使用想像力、也必須確信自己展品的效果與力量。當客戶猶豫是否購買時，你要告訴他在未來多長時間內，這些產品或服務能夠帶來怎樣的利益和好處，讓他去思考擁有後的美麗藍圖。舉例來說：

➢ 先生／小姐，您購買了這款跑步機後，只要堅持每天快走或慢跑 40 分鐘，3 個月就可以瘦 5 ～ 10 公斤，堅持一年，就可以達到您理想的身段。想像一下一年後，您穿上剪裁合身的服裝，看起來高挑、沒有小腹的樣子……。

- 先生／小姐，這款手機最大的優勢就是畫素高，下次您和家人或朋友去旅行的話，完全不必帶沉甸甸的相機，只要攜帶這支輕巧的手機，就可以將最美好的一刻拍下來。
- 先生／小姐，請想想看，如果您選擇這個窗框，等到明年春天，您站在窗子旁邊享受陽光，整個房間既明亮又溫暖，您可以清楚地看到窗外，家人們正在草地上玩耍，他們開心極了。那時相信您就會意識到，當初購買這個窗框是一個多麼明智的選擇，您說呢？

不，我不需要

銷售員最常遇到的狀況，就是客戶會說：「我不需要你們的產品。」這時，記得將這句話放進「時間線成交法」來思考、轉折。如同本單元強調的：人的想法、生活都不斷在改變，「現在」不需要，不代表「未來」用不到。

情境一

客戶：「很抱歉，我不需要你們的產品。」

銷售員：「先生，您是說『現在』不需要我們的產品是嗎？」

客戶：「沒錯！」

銷售員：「但或許在某些情況下，您會在第一時間想到我們的產品。」

說完這句話，或許就能引發客戶的好奇，讓他們進一步去思考，究竟是在「哪些情況下」會需要這款產品。只要觸動客戶的思考機制，你就擁有繼續與他對話的機會。

總之，要讓眼前的客戶「願意聽你說話」、「願意和你對話」，這樣就能逐步讓他瞭解產品的好處。另一方面，當客戶說「我不需要」時，業務要高瞻遠矚，率先幫他想到他未來可能的需要。

情境二

業務員：「林先生，您好，請問您參加過培訓課程嗎？」

林先生：「只是聽說過，不知道培訓效果怎麼樣，所以也沒有參加過，我現在應該不需要。」

業務員：「是這樣的，林先生，我們公司提供的這套培訓服務，目的在指導和幫助客戶認識自己在未來三十年內的職業發展路線，同時也協助您掌握自己的財務收入、健康狀況、人脈關係等，等於是全生涯的規劃與分析。林先生，不知您對我們這項課程是否有興趣呢？」

林先生：「嗯，感覺挺有意思的，你能再詳細介紹一下嗎？」

業務員：「好的，林先生，您可以想像一下，假如接受了這項培訓服務，您可以累積更優質的人脈資源，也會對自己未來一年、五年、十年的職業生涯有一個更明確的規劃。只要您有明確的職涯目標，而且擁有一定的人脈，就能實現穩定的事業發展和財務增長，給您的家人帶來更舒適的生活，林先生，您覺得這項課程如何？」

林先生：「可以考慮，申請表格和課程簡介給我看一下。」

或許他不會馬上接受，但是願意進一步瞭解課程資訊，成交的機會立即提升。

不要再忽視你的痛苦

每個人都有自己的煩惱與痛苦，一般人在大多數時間，都會選擇避開自己的痛點。然而逃避並非解決問題的方法，有時業務員需要逼迫顧客去正視他的痛苦，如此一來，才能真正幫客戶解決問題。但這是一種相當高明的引導，業務和客戶間必須具備一定程度的信賴。倘若素昧平生，一見面就逼對方正視他的痛苦，可能會遭到討厭。

此時運用的「時間線成交法」，是從「過去」→「未來」→「現在」三階段來引導。

1. 檢討過去

從客戶現階段的問題與困擾切入，婉轉告知就是因為過去不當的決定，才造就現在的痛苦。但不要一下子就指出他本身的問題，而是先從其他人的例子切入，例如：

「我有一位客戶，他們公司在客戶資料管理方面很不小心，尤其忽視保密問題，又遲遲不願意面對，導致客戶流失得很嚴重，甚至差點倒閉。」

「我一位遠房表姊年輕時不注意飲食和保健，導致過了 30 歲就開始發胖，到現在都很難瘦下來。」

用別人的例子作為鋪陳，然後點出客戶的問題所在，甚至去放大他的痛苦：

「您公司現在的業績下滑，管理方面出了問題，這是因為公司在一開始創立時就沒有建立制度！」

「過去您因為沒有好好照顧自己和家人健康，損失了不少對吧！看到家人身體為了生病而痛苦，還要花錢看醫生，您心裡很不好受吧！」

2. 展望未來

戳中對方的痛處後，再接著安撫他：「一切都來得及，只要現在改變，一定會變得愈來愈好。」然後透過描述，讓對方體會到實現目標之後的感覺。其實就是在對方的潛意識中描繪一幅誘人的場景，注入滿足感和幸福感。例如：

「只要建立這套管理系統，能留住客戶，提升業績，員工的福利也可以增加。想想不用再為發不出年終獎金而困擾，是多麼棒的事情啊！」

「只要現在開始調養身體，全家人一起健康起來，不但可以斷絕醫療費用支出，明年起還可以帶著全家一起去遊山玩水，多好啊！」

3. 改變現在

展望未來之後，一定要從現在開始改變，因此接下來就可以好好介紹你的產品。介紹產品的話術，前面的章節都說過了，此處不再贅述。最後，別忘了再次提醒客戶「擁有這項產品，可以獲得什麼好處」，以此來結束你們之間的對談。

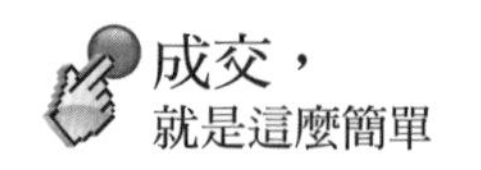

15分鐘成交note

運用想像力與說故事技巧，描繪一個「擁有你的產品後」美麗的未來藍圖。

過去你可能因為不懂得成功致富的方法、服務顧客的方法、說服和談判、銷售和成交的技巧，導致虧損許多錢，但這些都已經是過去的事情。過去不等於未來，只要改變現在，想像未來要達成的結果，告訴自己：「我再也不要損失這些錢了。」拼命學習並多加運用，業績一定大幅提升。

無人可拒絕成交法

有些客戶完全不會跟你客氣，直接明白地說「我不要！」，而且可能也不準備交代原因，甩頭就走。

身為業務員，早晚都會遇到這類顧客，所以做好心理準備很重要，以免遇到時愣在原地無法動彈，除了場面尷尬、內心也十分受傷。

但最高明的業務員，不會容許顧客對他說「不要」。在「不要」兩個字出口之前，早就使用「預先框視」的模式，轉換顧客的思維。當他發現「拒絕你」＝「拒絕美好的事物」，對於要不要使用「拒絕」來對付你，他已經開始猶豫不決了。

預先看到「拒絕」

「預先框視」即是從對談內容和表情變化，你察覺到客戶好像快要拒絕你了，你彷彿預先看到了拒絕的畫面，因此你要趕緊抓住時機這樣說：

「林先生／小姐，在這個世界上有很多銷售人員在推銷產品，他們都有很好、很具說服力的理由，相信已經有不少人要您投資他們的產品或服務，對吧？」

「當然，您可以向任何推銷員說不，但是以我在這一行的專業，沒有人能真正拒絕我，因為他們拒絕的不是我這個人，而是拒絕了那些美好的事物，他們拒絕的是能賺更多錢的機會，他們拒絕的是能有更多時間與家人、愛人相處的機會，還有能夠環遊世界的機會，我怎麼忍心讓你拒絕這些美好的事，您說是嗎？」

如果在他的夢想當中，渴望追求美好的事物、渴望賺錢、渴望擁有更多時間與家人相處、渴望環遊世界，那麼，他就會轉換思維，想更進一步聽聽你究竟能提供什麼服務。

我要考慮一下

那麼，如果顧客說「我要考慮一下！」，你又要如何回答？

你可以說：「某某先生／某某女士，很明顯的你不會花時間思考這件事，除非你對我們的產品真的很感興趣，對嗎？」

「我的意思是，你說要考慮一下，不是要躲開我吧？」

「因此，我能假設你會很認真地考慮我們的產品，對嗎？」

「那我來了解一下，你需要考慮的是什麼呢？是產品的品質，是我們的售後服務還是公司的形象？還是我漏講了什麼事情？」

「說真的，有沒有可能是錢的問題？」

事實上，能否成交大部分都是錢的問題，如果此時客戶明白指出是錢的問題，你可以說：「太棒了，錢的問題是我最喜歡的問題。」

這時你就可以給他一個微笑，並且使用「少喝一杯咖啡成交法」，輕鬆解決這個問題。

記住，不要「一拖拉庫」拼命說，記得留下讓對方回應的時間，你一定要比他從容。到最後一刻還心平氣和的人，就是贏家。

15分鐘成交note

顧客快要拒絕你之前，在各方面一定會有些什麼徵兆。好好觀察，並記錄在下方！

眼神	
說詞	
坐姿	
小動作	
呼吸	
表情	

想要不被客戶拒絕，需要一段時間的自我鍛鍊。不要害怕失敗，即使被拒絕，也要仔細觀察整個過程，記錄下原因，作為自己下一次「成交」的借鏡。

回馬槍成交法

回馬槍是古代一種相當厲害的槍法，趁對方不注意時冷不防地攻擊，讓敵人自己朝著槍茅衝上來，可以說是必殺絕技。

金庸大師的《射雕英雄傳》裡，楊鐵心家傳的絕技——楊家槍，就有「回馬槍」這一招。

當然，客戶並不是敵人，這只是一種比喻。

萬一你使出渾身解數，還是無法說服對方，那麼可以「假裝戰敗，再回馬補一槍」。

具體來說，你先放下之前所有成交辭令，表現出「今天不成交一點都不要緊」的模樣，此時客戶會卸下心防，而這時你再提出問題時，就可以問出他不接受產品的真正答案。

例如你假裝趕時間要離開了，一邊收拾公文包，一邊對眼前的客戶說：「今天無法讓您使用我們產品有點可惜，不過沒關係，交了您這個朋友我非常開心，希望以後我們還有機會合作。」然後往外走，讓客戶覺得今天的拜訪已經結束。快走到門口時，突然再返回客戶面前，一臉誠懇地請教客戶。以下舉兩個例子。

➢ 我從事這個行業不是太久，我想我一定有哪些地方沒有做好，要不您早就成為我的客戶了。我不想再犯同樣的錯誤了。您可以幫我一個忙嗎？告訴我，到底我哪裡做不好，還是哪裡做錯了，請給我改進的機會好嗎？

➢ 因為我想讓下一個新客戶更清楚了解我們公司和產品的資訊，所以想麻煩您告訴我，我哪方面沒有說清楚？或是您有什麼特別顧慮的地方（其實就是他真正不買的原因）？

許多時候，客戶會下意識說：「價格太貴了。」

原來客戶可能怎麼也不肯說出不買的原因，但一使用「回馬槍成交法」，就可以「套出真相」。

如此詢問，一方面會讓客戶覺得你很謙虛，至少值得交個朋友；另一方面，也是為自己創造再一次的成交機會，下次若真的有需要，客戶會選擇願意自我反省的業務。

使用「回馬槍成交法」看似在請求對方，其實正在為下一次「成交」鋪路。

1. 草擬自我專屬的「回馬槍」謙虛辭令。

---

2. 使用完「回馬槍成交法」，請記錄下顧客不買的真正原因。

使用「回馬槍成交法」時，可以邊收東西邊向對方道謝，但不要收得太快，還有千萬不要真的走出去，不然就回不來了。總之，要讓對方覺得你並不想勉強他購買，純粹只是想知道自己哪方面可以做得更好！

超越巔峯見證

誰說年輕不能成功？

看這些懷抱夢想、勇於挑戰的青年，

穩健開創屬於自己的未來。

而我的夢想，是造就更多的「他們」。

加入我們吧！

unit 01 學員的成交法應用

多年來，直接參與「超越巔峯」課程，或是透過公司內訓接觸我們課程的學員，已經超過一萬人！遍布各行各業的業務、行銷人員，在課程中尋找到最適合自己的養分，徹底吸收後，轉化應用在自身職場上，因而大大提升成交率。

我特地遴選了幾個案例，在獲得當事人同意後，刊登如下。

他們的業務經驗，少則 2 年，多則 15 年；有人是受盡挫折後，在課堂上找到一線希望；有人一開始懶得學習，迫於形勢前來進修，上完課卻獲益良多。

不論是外在形象的改變、內在修養的提升、銷售技巧的精實，以至於對未來和夢想的全盤改觀……每多看到一個找到自己人生目標的學員，是我們最開心的事情。

或許手持這本書的你，也是我們的學員，衷心歡迎你在下一本書為我們見證！

見證人：陳心儀

【最新檔案】國際保健宅配通路

【業務經驗】15 年

自我診斷（上課前）	由於渴望壓縮成功的時間，我選擇踏入行銷保健通路的領域。一開始朋友都願意捧場購買，但僅消費一次再無下文。不懂銷售後續服務的我，即使擁有人脈，卻因不善經營而深感挫折。為了突破自我，不愛學習的我開始報名各項課程，虛心地從零開始建構基礎。
自我改造（上課後）	上過一系列裕峯老師的課程，我領悟很多。印象最深刻的，就是成交信念的建立、利用潛意識成交，以及一定要「賣好處」給客戶。此後，我不再為了賣東西而賣，我是為了服務而銷售。
成交故事	有一位客戶，見面前再三告訴我：「你放棄吧！我不可能跟你買產品。」我笑著說好，只是和你聊一下子。見面後，我先和他話家常，認真傾聽他暢談目前在籌備的生意。等他分享完，我說：「聽說你的身體不大好，有在保養嗎？」他老實說：「之前愛喝酒，肝不大好。」我就逗他：「果然你是酒國英雄啊！」他笑了，接著敞開心胸告訴我身體狀況與賺錢夢想。我適時地點頭認同，讓他感受到我和他是同一國的。於是我們相談甚歡了四小時（本來他只給我一小時），彼此建立了信賴。之後他也答應配合參加我們的體檢，邁向成交的第一步。類似這樣的例子有數十件，這些人在一開始都對我保有戒心，後來都成為我的好朋友，甚至是固定消費的客戶。
本書應用	善用「五感」銷售（P.79）、無人可拒絕成交法（P.217）

 見證人：邱士軒

【最新檔案】門市手機銷售員

【業務經驗】5 年

自我診斷（上課前）	過去，我性格孤僻，不善於表達情感及想法，時常被人冷落與欺負，無論換了什麼工作，始終不順心。然而，業務銷售工作壓力大，自己曾因為無法排解壓力，在公司與客人大吵一架，不僅被投訴，也讓主管非常頭痛，對於無法有效控管自己的情緒，一直感到非常困擾。此外，每次顧客來看手機，嫌價格太貴時，我都不知如何說服顧客，以致我的業績每次都墊底，差點被裁員。
自我改造（上課後）	裕峯老師說：「過去不等於未來！」讓我決心徹底改變過去的自己，沒想到這個觀念一轉，世界也跟著改變。我的想法開始變得開朗，也愈來愈受到同事的喜愛。顧客常稱讚我態度好，主管也對我另眼相看。同時，我也學習裕峯老師，每天在家不斷地告訴自己：「我是全世界最有說服力的人。」這句話讓我每天都感到充滿能量與自信，讓我敢對未來設定更遠大的目標。
成交故事	某次，有個顧客上門，問我一款手機多少錢，我告訴他18000 元，他馬上露出「怎麼這麼貴」的表情說：「剛到其他門市詢問也是 18000 元，太貴了，所以我才換一家問。你們也賣這麼貴那不用說了。」說完準備掉頭就走。我馬上告訴他，這款手機保固一年，仔細算下來，平均一天不到 50 元，只要花不到一個便當的錢就能擁有喜歡的手機，其實非常划算。顧客聽完之後，當場決定購買，讓我非常興奮，連老闆都覺得不可思議。
本書應用	少喝一杯咖啡成交法（P.193）

見證人：張文齊

【最新檔案】旅遊網業務銷售人員

【業務經驗】3 年

自我診斷（上課前）	我一直是個缺乏信心的人，非常容易緊張，不但說話的時候會口吃，即便腦袋裡有很多美好的想法，卻因為表達能力不佳，效果總是打折扣。以至於花了很多時間拜訪顧客，仍無法順利成交。
自我改造（上課後）	我學習重新去認識自己，了解自己的個性、行為模式及價值觀，盡最大的努力來改變我自己，培養我的自信。同時，我也開始找尋適合我的行銷方式，以彌補我的不足，進而把我的優點展露出來。
成交故事	我的工作是推廣環球團購旅遊網。每次出差到了著名景點，我除了拍攝照片、紀念留影之外，也特別向當地人瞭解其歷史背景，記錄在我的筆記本中。回國後，透過社群網站，我和線上的朋友分享此趟旅程的景色、趣事，以及歷史故事，讓觀看我分享的網友，想像自己總有一天也會踏上這段旅程。我為他們架設一個美麗的未來藍圖，透過這些照片和文字，有愈來愈多的人與我互動，表示他們也非常嚮往到世界各地，而且已經開始規劃、行動。透過電子商務的分享，我讓更多顧客感受到旅遊的歡樂。最重要的是，我的業績因而大幅成長，成交人數持續增加！
本書應用	時間線成交法（P.211）

見證人：林明萱

【最新檔案】保養品專櫃人員

【業務經驗】2 年

自我診斷（上課前）	之前介紹完產品時，總會不自覺地對顧客說出「可是」、「但是」等負面字眼，感覺像是否決掉自己先前說的話，因此業績始終沒有起色。
自我改造（上課後）	上了裕峯老師的課後，我懂得說話必須貼近顧客的生活，不再只會使用機械式的推銷話術，而是充滿溫度的友誼對談。在這樣的改變之下，銷售變成了簡單有趣的一件事。特別是面對拒絕時，我不再感到挫折與壓力，反而能用正面的思維與同理心，去了解對方的需求。
成交故事	我在銷售當中，會先以聊天的方式問顧客一些問題，徹底瞭解她的需求，再從她的需求中，挑選適合她膚質與預算的產品，然後搭配試做體驗。某次，我輕鬆地使用了如下話術：「我知道妳想讓皮膚更好（事實），也想更年輕（事實），只是會考慮到價格問題（事實），所以我等一下要跟你分享如何用最省錢的方式保養（要求）。」就這樣，利用「三合一溝通法」，我成功創造了讓客戶一次消費了六萬元的記錄，真的太神奇了。
本書應用	潛意識引導銷售——三合一溝通法（P.172）

見證人：潘彥志

【最新檔案】團購經營者

【業務經驗】2 年

自我診斷（上課前）	過去的自己總是不夠有自信，與顧客或是合作對象溝通時，因為主導權不在自己手上，很容易被打發，就算允諾要給對方很好的合作方案，也往往洽談失敗，成交率很低。
自我改造（上課後）	心態上，我學習到要像世界上的 Top Sales 一樣，相信顧客得了絕症，只有我的產品可以解救他，絕對相信自己能給對方最好的方案，相信我可以在任何時間、任何地點、銷售任何東西給任何人。技巧上，我學會使用「時間線成交法」，讓對方正視未來的問題，現在沒問題，不代表以後不會發生問題，所以現在就要預防。
成交故事	過去有個顧客，不管如何跟他說明團購生意多有商機，且是當前趨勢，他都跟我說「沒興趣」，而且他覺得我都在強迫推銷，對我很反感，最後連朋友也做不成，讓我很沮喪。後來運用「時間線成交法」，跟他分享以下的心得。我告訴他，你過去因為沒有一個好機會，以致痛苦了這麼多年，甚至影響自己的人生和家庭，如果你現在擁有，不但可以環遊世界，還可以擁有財富自由，讓家人更開心……而對方聽了我的話以後，感同身受，不再覺得我強迫推銷，最後終於成交。
本書應用	時間線成交法（P.211）

見證人：李孟霖

【最新檔案】保健食品銷售人員

【業務經驗】3 年

自我診斷（上課前）	一直以來在溝通的時候，常因為信心不足，讓顧客聽出不肯定的語氣，產生「我並非專業人員」的感覺。此外，也曾經因為疏忽顧客的感受，引發顧客反感而被拒絕，長期感到沮喪。
自我改造（上課後）	裕峯老師分享的「愈被拒絕愈成功」，拒絕＝成功，讓我非常感動，產生了堅持下去的動力。此後，我更能接受顧客的反對意見，因為我知道，每次的拒絕，都讓我離成功愈來愈近。同時我抱持著幫助別人的心態，持續分享健康觀念給他人，我相信自己，一定能協助顧客脫離不健康的痛苦之中。
成交故事	與客戶對談時，我會先詢問他的健康與最近就醫狀況，並順帶關心他的家人。記得有一次，客戶對我說：「你的產品好是好，但價格太高，現階段的我恐怕消費不起。」我運用 3F 成交法，表示可以理解，因為我以前也是有經濟困窘的時候。接下來我與他分享自己過去的故事：為了省錢，結果後來花更多的錢看醫生，使用保健食品後，因為體質整個改善，反倒省了錢。之後，又使用「少喝一杯咖啡成交法」，向顧客分析其實只要每天省下一點錢，就能消費得起。使用在「超越巔峯」課堂上學到的技巧，讓我在行銷產品時，常常可以多賣出幾樣產品。這一年下來成交率提升，業績更是大幅成長。
本書應用	少喝一杯咖啡成交法（P.193）、3F 成交法（P.204）

見證人：陳筑郁

【最新檔案】組織行銷業務

【業務經驗】2 年

自我診斷（上課前）	過去的我是一個主觀且強勢的人，每次跟顧客溝通時，常常站在自己的角度去思考，且有莫名的堅持；遇到反駁我的顧客，我更是耐不住性子，甚至要對他對嗆，多次與顧客不歡而散。
自我改造（上課後）	我在裕峯老師的課堂上學習到：「只要我起床，就有人必須為我付出代價！」這個心態讓我比以前更加堅強，不再懼怕被人拒絕和自我突破，持續保持樂觀和積極的狀態勇往直前。在技巧和話術層面，更懂得用柔軟的心去傾聽和體貼顧客的需求，讓顧客感受到我是真心為其著想，給顧客創造賓至如歸的感受。
成交故事	與第一次見面的顧客接觸時，我會運用「長方形成交法」，先了解顧客的類型，再使用「鏡像法則」，細心觀察顧客的習慣和舉動，而後不著痕跡地做出與顧客類似的動作。此外，也努力傾聽顧客的需求，站在顧客的角度，思考如何才能給他最大的利益、最好的幫助。再次遇到之前不歡而散的客戶，因為我自己的改變，不但獲得他的認同，甚至幫我轉介紹更大的客戶。當下真的讓我驚覺到，原來溝通方式比溝通內容更重要。擁有這樣的能力後，不但讓我的業績大幅成長，也讓我現在帶領的團隊夥伴成長 500 人以上，真是感謝裕峯老師。
本書應用	潛意識引導銷售（P.166）、長方形成交法（P.197）

見證人：蘇士銘

【最新檔案】房地產業務

【業務經驗】5 年

自我診斷（上課前）	初出茅廬時，我努力吸收專業資訊，雖然在房地產介紹上，我可以做到內容敘述性的專業，但成交技巧不足，總是為了成交而成交。有時因為心急，只顧講自己的話，忽略客戶真正的想法。到了成交前的關鍵時刻，往往功虧一簣，努力了半天，卻一切歸零。
自我改造（上課後）	裕峯老師在課堂上說到：「成交，一切都是為了愛。」這句話深深感動我，我開始換位思考，永遠以客戶想法為前提，每當與顧客碰面，我會先思考自己要帶給對方什麼利益，其次才考慮是否能成交。
成交故事	某次與客戶對談中，對方突然陷入一陣猶豫，靜默下來。一向性急的我一直想打破寧靜說些什麼。但想到裕峯老師曾經傳授的「沉默成交法」，我暗自提醒自己，絕對不能先出聲，先說話的人就輸了！我調整呼吸，帶著微笑，佯裝輕鬆地看看外面風景，偶爾將目光轉到客戶臉上。結果三分鐘後，客戶深吸一口氣，回答：「好！我決定買了！」讓我十分慶幸有耐住性子，等待客戶自己作出決定。以「成交，一切都是為了愛。」為原則，讓我在台灣、大陸的房地產事業，有了數倍的成長。
本書應用	沉默成交法（P.186）

見證人：陳柏文

【最新檔案】食品業務

【業務經驗】2 年

自我診斷（上課前）	過去我在穿著打扮上很隨性，以為舒服就好，殊不知給人的第一印象就不好。此外，因為自信心不足，與客戶接觸時不敢先開口，更無法完整表達自己產品的優越處，只會說「很特別」和「不錯」而已；同時，我也很容易受到顧客的影響，當顧客不斷稱讚競爭對手的產品比較好時，我完全不知道該如何說服對方，最後顧客還是選擇到別家購買。產品怎麼都推銷不出去，因此感到很灰心。
自我改造（上課後）	首先，我從「鏡像法則」知道，原來當顧客喜歡我的時候，我要賣他什麼產品都很好賣，所以我開始改變穿著。穿著改變後，因為受到稱讚，我開始對自己有自信了起來，再加上時常告訴自己：「我是銷售高手，擁有無與倫比的魅力！」因此我在對顧客介紹產品時，不再畏畏縮縮，而顧客也因為看到我的自信，願意相信我們的產品是最棒的。
成交故事	在顧客面前，我總會詢問他要「便宜的」或是「比較貴的」，這樣的問法就是，無論他選哪個都是要買。此外，因為我始終維持「被拒絕是常態」的心情，就算被拒絕也不會太失望。如今，我幾乎每向 10 個人銷售，至少會成功 2 人。也因為我總是自然而然地與顧客分享，因此不管銷售任何東西，顧客即使不買，也會開心地結交我這個朋友，並幫忙宣傳，能有此成果，真是太感謝裕峯老師了！
本書應用	量身打造你的銷售盔甲（P.72）、問對神奇問句——二擇一問法（P.126）

見證人：賴信如

【最新檔案】門號銷售人員

【業務經驗】4 年

自我診斷（上課前）	剛出道時，在業界的資歷尚淺，每當在銷售產品給長輩時，往往都因為自信心不夠，而被年長的顧客挖苦：「年輕人，我吃的米都比你多，不要當我不識貨。」在不斷被潑冷水後，我反覆自我檢討，才恍然大悟：原來都是我自己在自我設限，其實我並不差。
自我改造（上課後）	上了課之後，我重新建立正確的心態。由於瞭解到每個人都有暫時性的負面情緒，所以我會適時以激勵人心的音樂、肢體的擺動調整情緒，同時不斷告訴自己：「我是最棒的、我是最優秀的！」，因此不管當下情緒如何低落，我都可以在短時間內走出來，變得很有能量、很有自信地去處理任何一件事情，不再被負面的情緒所影響！
成交故事	曾經在一次談合作案的過程中，發現對方意願不高，但我仍在心裡不斷相信，他一定會和我合作。於是直接引導對方進入「已經合作」的狀態。當我直接問對方：「你的薪資是要匯到郵局，還是合作金庫呢？」對方馬上說：「合作金庫。」接著我只補一句話：「那我教你怎麼填資料並且怎麼運作」。就這樣，原本看似無望的合作案竟如此輕鬆就成交了。我把這樣簡單的方法複製給我的合作伙伴後，我們的團隊很輕鬆地在一個月內，創下 400 萬的門號業績！
本書應用	克服恐懼，不畏拒絕（P.65）、問對神奇問句——二擇一問法（P.126）

見證人：何懿

【最新檔案】醫療保健產品業務

【業務經驗】3 年

自我診斷（上課前）	我的個性開朗，容易與客戶打成一片，但往往因為態度過於輕鬆，容易丟三落四、一點都不細心，因而失去客戶信任。即使客戶認同我所講出的理念，卻常在成交的關鍵時刻退縮，讓我無法完成簽單。
自我改造（上課後）	裕峯老師最讓我印象深刻的課程，是提到要引發顧客的「危機意識」。讓顧客覺得不買就會「落伍」、「錯失機會」。此外，老師常提到：「魔鬼藏在細節裡。」因此我開始建立一個習慣，除了隨時告訴自己「你可以的！」，更細心去注意每個細節。關鍵時刻，我一改嘻皮笑臉，以專業態度回應顧客。
成交故事	某次，我熱血沸騰地向客戶介紹半天，不料，最後竟被客戶拒絕。這時我想起裕峯老師教授的「回馬槍成交法」，於是誠懇向他請教我是否有不足的地方。結果對方老實告訴我，他覺得自己還年輕，不需要保健食品。豁然開朗的我，終於理解他的需求，於是向他說明「預防醫學」與「及早保健」的重要性，因而引起他對這個領域的興趣，最後成為我的客戶之一。
本書應用	回馬槍成交法（P.220）

unit 02 十大元帥特輯

「超越巔峯」教育訓練團隊能有如今的規模與展望，要感謝的人非常多。

其中，有 10 個人一路隨我打拼至今，對我而言意義深重。他們都是潛力無窮的年輕人，卻甘願和我一起分享煩惱、夢想未來。我們一起吃苦、一起歡笑，真像一家人一樣。

正值青春年華，一般年輕人急於享樂，超越巔峯的核心幹部卻選擇辛苦、勇於奮鬥，因此，我稱呼他們「十大元帥」。

十大元帥當中，有活潑外向的領隊，害羞扭捏的安親班老師；有碩士、公務員，也有牙醫助理、便利超商店長；有明星大學畢業的知識菁英，也有僅高中學歷卻樂觀踏實的開朗男孩。

他們來自社會各個階層，各具專業，各自擁有無法被取代的特質，卻懷抱同樣的夢想：「想要財富自由、想要幫助更多人！」

就是這樣的夢想，聚集、催生了「超越巔峯」這個學習力超強的組織團隊。在此，懷抱感恩之心，我要將他們介紹給大家。

 策略戰神：邱品文

姓名	邱品文	職稱	超越巔峯策略長
個人夢想	➢ 月入百萬 ➢ 台中七期豪宅置產 ➢ 擁有高檔進口車 ➢ 成立超越巔峯台中分公司		
經歷	➢ 便利商店店員 1.5 年 ➢ 電信類組織行銷 3.5 年		

在家中排行老三的品文，從小就喜歡作白日夢，一直夢想長大會成為企業家。高中二年級那年，因不愛讀書，又愛挑戰校規，所以被迫退學，只好轉往夜間高中部，開始半工半讀的人生。21 歲那年，品文在便利商店上大夜班，一有空閒便閱讀商業週刊等財經雜誌，尤其喜歡看成功人物的專訪。他發現有些人和他一樣年紀才二十出頭，卻能成為年收入破百萬的電子新貴、保險業務員、汽車銷售員、房地產仲介，甚至是年收入破千萬的傳直銷人員。這股震撼，促使他萌生挑戰高收入的想法！

一年後因高中同學的介紹，品文接觸了電信類的組織行銷，這是他圓夢的開始。不久，更因結識超越巔峯團隊，讓他又開了一扇智慧之窗，學習到更高層的銷售學、溝通學、行銷策略、領導管理學等，讓自己大為成長，以好的心態、對的方法、正確的待人處事原則去帶領團隊。

25 歲退伍後，品文進入一家國際團購公司，把在超越巔峯所學習到的，完全回饋給團隊，並且開始與更多成功人士學習。他深深決意，

要在最短時間內，讓家人的生活更無憂無慮，也要幫助更多人圓夢成功，並成立基金會去回饋社會、幫助弱勢。最重要的是，他極力想要證明自己、證明一個高中被退學、大學讀不完的人，也可以因為遇到對的公司、對的系統、對的導師，因而改變人生，完成人生目標。

人生只有一次，要活得精彩或是黑白，都是自己選擇而來。品文要選擇的是，波瀾萬丈的繽紛人生！

花漾祕書：郭儀汝

姓名	郭儀汝	職稱	超越巔峯祕書長
個人夢想	幫助更多人成功創業，創造自己的價值，成為別人生命中的貴人		
經歷	➢ 花蓮特色民宿管理人 ➢ 創下全公司單月成交量第 3 名記錄		

從小在花蓮長大的儀汝，和家人一起經營 10 間特色民宿，讓每位來訪的旅客，享受和在家一樣自在、溫馨的後山風情。每當客人離開後，才是她忙碌的開始，為了給下一組客人乾淨舒適的住宿環境，她和妹妹總是互相比賽，看誰用最短時間完成換床單、舖床、擦地板、掃廁所、整理環境等工作。每天送往迎來，看到客人開心滿足的笑容，是她最大的前進動力，也讓她成為花蓮最美麗的「台傭」。

穩定的生活和豐厚的收入，並沒有讓她因此而自滿。不甘只是被動地守候來訪的客人，當個「後山之花」，她更想要主動出擊，到外面的世界幫助更多人。因此，她毅然決然地離開家鄉，追尋內心渴望的夢想！

在哥哥的推薦之下，儀汝選擇了組織行銷的業務工作。一開始，她投入網路與實體拍賣的業務，創造了全台 30 萬的會員中，成交訂單量全台第 3 名的成績。為了擴展自己的業務圈，她又加入超越巔峯，跟著團隊南征北討。

在團隊當中，儀汝主動接下最辛苦的工作，也扮演像大姐姐一樣的角色，默默在背後關心大家，讓超越巔峯真正像一個和樂融融的大家庭。如今，透過不斷嘗試、創新及開發，超越巔峯也和數十個平台以及團隊展開合作，儀汝開心地表示：「朝著自己的夢想前進，真是美好！」

註：改寫自業務幫總監陳麗任（Linda）專訪文

行銷鬼才：吳家宇

姓名	吳家宇 （Nick）	職稱	超越巔峯行銷長
個人夢想	➢ 讓父母在 5 年內徹底退休 ➢ 10 年內成為億萬富翁 ➢ 成立流浪動物中心，讓流浪動物提升品質養老 ➢ 成為世界行銷大師，分散幸福種子到世界各地		
經歷	➢ 知名外商物流公司送貨員 ➢ 百大營建公司工地領班 ➢ 知名科技業 GPS 龍頭——採購主管 ➢ 知名家電業工廠——產線安管		

從小就在父母細心呵護下成長的家宇，謹記雙親的叮嚀：好好讀書，長大找個好工作，安穩做到退休。他乖乖依照爸媽寫下的完美劇

本，一步步執行，但出社會後才知道是一場騙局，工作難找就算了，還遇到裁員減薪。家宇以明星大學的光環，抱持著進入百大企業工作的夢想，但丟了近百封履歷表，換來的只是手指頭能數出來的幾家公司無情地回覆。

生活還是要過下去啊！最後家宇退一步選擇別人不願意嘗試的工作，當起送貨員，不管風吹日曬、狂風暴雨，都堅持完成當天公司賦予的任務。他每天辛苦地工作，勉勵自己一定要堅持下去，吃苦當吃補，等待熬出頭的機會。

就這樣持續重複了幾年，卻開始厭倦這種過一天算一天、仿若行屍走肉的日子。每個月的收支相抵後，連一千元都存不到。他一直問自己：22K 的生活我還要過多久？這樣的生活是我想要的嗎？我受夠了這樣的生活！

他不知道還有什麼工作可以做，不知道下一步該怎麼走？然而，他知道，自己想要改變。

於是家宇白天一樣努力工作，但晚上想方設法學習、充實自己，投入滿腔熱血地拼命研究，決心要找出一條生路！ 2011 年 8 月 30 日，這是他永遠忘不了的一天，因為這天他透過 FB 與我相識，他說：「這是改變他一生的關鍵時刻！」經過一個下午的深聊，家宇決定加入超越巔峯，以全新的方式展開奮鬥。接著，他也慢慢認識整個團隊，成為團隊的得力幫手。

家宇和團隊的年輕成員，將聚會玩樂擺一邊，學習成長擺第一，天天過著開會、拓展人脈、奮鬥、追求夢想的日子。他在心中拼命吶喊：「我一定要證明自己做得到，我要證明我不是爛草莓！」從在路邊發傳單開始，到邀約朋友、舉辦演講，過程中遇到被拒絕、冷落的狀況不計其數，加上親友的質疑，真是異常艱辛。但憑藉對夢想的堅持，他終於撐過了最辛苦的第一個半年。

透過團隊課程如「扭轉人生魔法師」、「超級說服力」、「公眾演說」等課程，家宇的思維大幅改變。原本沒有夢想、缺乏目標的他，現在強烈渴望盡快讓老爸退休，每年招待父母出國圓夢。家宇表示：「感謝自己一直以來的堅持，感謝一路上支持我的人，感謝吐嘈不看好我的人，感謝父母當初給我的考驗，考驗我的抗壓性。謝謝你們讓我有機會證明我的選擇是對的，更要感謝老天爺一切的安排。我締造了奇蹟，相信你也可以！」

活動嗨咖：郭宗儀

姓名	郭宗儀	職稱	超越巔峯活動長
個人夢想	➢ 讓家人過得更好 ➢ 建立量身打造的個人旅遊行程平台 ➢ 資助流浪動物之家		
經歷	➢ 知名醫院美食街招商業務 ➢ 統一生活企業股份有限公司店副理 ➢ 全家便利商店店副理 ➢ 金遠東旅行社團體部業務領隊 ➢ 航空公司所屬旅行社業務領隊		

宗儀曾任職於知名便利商店，擔任副店長，太太為安親老師。這對夫妻月入 7 ～ 8 萬，因為和同齡年輕人相比收入算高，他們以為會一直在這個行業發展下去，直到遇到「少子化」的瓶頸。由於孩子少，

從事服務業的年輕人也愈來愈少，請不到工讀生的宗儀只好每天上班 12 小時。

沒有休假的日子過了一年，夫妻倆如牛郎織女，日夜相隔見不著面，宗儀更受不了這種過度勞累的日子，於是去報考領隊導遊。雖然只準備一個星期，並利用上大夜班時偷看書，但宗儀卻奇蹟似地考上了。於是他正式轉戰到旅遊業。

旅遊業多半是領隊兼業務，每個月都要自己去找客人，壓力頗大，而且淡旺季很明顯。好不容易做到有點起色，公司卻又把他調到新的區域去開發，把宗儀好不容易才經營好的區域轉給新人去做。於是宗儀持續在做重複的事，每天庸庸碌碌，不知何年何月才能達到「自由自在工作、休假」的夢想。

為了讓自己業績更好，同時也在找尋各種翻身機會，宗儀經常留意新的資訊。某次，他在網路上看到超越巔峯的講座資訊，我們深談之後，宗儀發現掌握不同的工具，所造成的結果大不相同，於是他加入了超越巔峯。

宗儀認為超越巔峯有別於其他組織行銷團隊，是個很不一樣的學習型團隊，因為擁有相當多額外的學習資源，團員甚至可以直接向大師學習。

宗儀認為每個人都有夢想，但往往隨著年齡的增長，夢想會愈來愈小，但他不甘於向現實低頭，決心要持續朝著夢想前進。

 公關女神：郭怡君

姓名	郭怡君	職稱	超越巔峯公關長
個人夢想	➢ 在北部為自己和父母置產，將爸媽接來一起居住 ➢ 5 年內幫助 100 人實現夢想 ➢ 資助弱勢家庭與兒童基金會		
經歷	➢ 知名連鎖美語教育機構部門主管、寒暑假營隊活動總召 & 統籌 ➢ 2014 年全國業務正妹比賽—亞洲區第 2 名、台灣區第 1 名		

出生於嘉義傳統家庭的怡君，爸爸是盡責的公務人員，媽媽是家庭主婦。身為長女，一路從國中、高中到大學，爸媽對她的期許只是希望她找到一份穩定工作，嫁個能給她溫飽的老公。

疼愛怡君的爸媽，總是像阿拉丁神燈，滿足怡君任何願望：學長笛、學電腦，甚至高中時期的班歌表演需要一組爵士鼓，他們也變出一組來。上大學後，輔修日文需要學費，爸媽依舊全力支持，毫無怨言。

一直心存感恩的怡君，深深期望給爸媽一個很有質感的退休生活，她一直記得父親的心願：希望住離女兒近一點。然而始終在北部奮鬥的怡君，一想到北部的高房價，總是垂頭喪氣地想：「放棄工作回嘉義住，應該比較容易實現爸爸夢想吧！」但工作呢？每天想到這裡，只能搖頭嘆息：「唉～算了！」。就這樣一天過一天，直到怡君 30 歲。

婚後，因為先生的關係，怡君認識了超越巔峯團隊，經歷了許多課程的洗禮後，怡君的心被深深觸動。課堂上的一番話，讓她刻印在

腦海裡：「自信之杯之所以無法填滿，是因為曾給自己的承諾一直未實現，造成了破洞，才會對自己毫無自信，如果永遠躲在舒適圈裡，卻又苦思自己為何沒有成長，不是很可笑嗎？」

終於，怡君決心去面對一直不敢去面對的現實，同時認真考慮是否加入超越巔峯。

每當灰心的時候，超越巔峯每一個夥伴，總是熱情地鼓勵怡君，這種互相加油打氣的默契，讓怡君覺得好像在台北擁有另外一個家庭一般。在安親工作八年的怡君，終於決定給自己一次改變和貢獻的機會，她加入超越巔峯，加入「一起幫助更多華人提升競爭力」的偉大夢想。

怡君過去一直很排斥銷售工作，然而，在超越巔峯這個人人講求自我突破的團隊裡，怡君重新認識銷售的定義與重要，努力挑戰自我。結果一年之內，竟認識了比過去十年還多的朋友。而面對了百次的拒絕，也練就她一顆強壯的心臟。如今，她的視野和格局，都較以往大為不同了！

資訊鬼才：吳嘉碩

姓名	吳嘉碩	職稱	超越巔峯資訊長
個人夢想	➢ 帶家人一起環遊世界，每年至少出國兩次 ➢ 5 年內在中壢買一棟台幣 2000 萬以上的房子 ➢ 幫助別人找到人生價值 ➢ 成立基金會協助弱勢者並提供就業機會		

經歷	➢ 7-11 便利商店店員 ➢ 曾在物流公司、知名餅乾工廠打工 ➢ 光電廠技術員 9 年 ➢ 麵食製作職業工會擔任會務人員

家住中壢，排行老么的嘉碩，來自一個平凡的家庭。父親是退休公務員，母親是職業工會祕書兼家庭主婦，姐姐在華航擔任地勤。嘉碩早先則在一家光電廠擔任技術員，從事偏光板製造。工廠是 8 小時三班輪制度，每兩個禮拜就要輪一次大夜班。由於工作會接觸到化學藥劑，加上長期熬夜，嘉碩的健康深受影響。為了維持基本開銷，嘉碩只能咬著牙繼續做，但心中一直沒有忘記想持續學習的夢想。

因為輪班的關係，想要進修，時間也無法配合。就算報名了一期課程，頂多只能上一兩堂課，無法持續學習。為了有所突破，嘉碩痛下決心轉換跑道，辭去工廠工作，進入職業工會。

就在這個時間點，透過一位朋友的介紹，上了我一堂「扭轉人生魔法師」的課。課後，嘉碩受到相當大的激勵，驚駭於原來透過文字、圖像、影片和音樂，就可以貫穿人的潛意識，讓一個人充滿能量。於是他陸續參加 NLP、NAC 神經鍊調整術、公眾演說、如何超越人生的巔峯、超級行銷學、如何成為溝通大師等整套學習課程。每上完一堂課，嘉碩變得更有自信，決心更進一步打開格局，因而加入成為超越巔峯的一員。

本來沒有明確目標和夢想的嘉碩，開始認真思考夢想。即使過去表達能力不佳，朋友不多，但透過持續不斷的學習，他的溝通表達能力大大提升，也認識很多好朋友，甚至被指定為超越巔峯教育團隊的培訓講師。

面對未來，嘉碩充滿了無限的希望與勇氣，他將超越巔峯整個組織的目標，作為個人目標，以衝鋒第一線的態度，持續每日的奮戰。

拓荒強者：廖吉中

姓名	廖吉中	職稱	超越巔峯市場開發長
個人夢想	➢ 5 年內達成年收千萬 ➢ 10 年內完成環遊世界五大洲		
經歷	➢ 7-11 便利商店店員 ➢ 知名服務業送貨員 ➢ 知名建設公司工地領班		

個性害羞內向，連和朋友講話也容易口吃的吉中，從小在父親的保護下順利成長。一直以來，總想著考個大學讀讀，畢業之後找個上班族的工作，平凡度過一生就好。高職三年級那年，在朋友邀約下聽了一場我的演講，他說這是他首次接觸到一堂沒有瞌睡、毫無冷場的課。吉中從沒想過有人可以為自己的夢想這麼堅持、努力去完成，不怕任何的挑戰和挫折。這堂課激發了一直存在吉中心裡的小小夢想，當下他為自己設下許多未來的目標。

打從那天的演講結束，18 歲的吉中就決定要成為超越巔峯的一員。在家人強力反對，身邊朋友也毫不客氣地吐槽之下，吉中卻堅持不退讓，因為這是他第一次有自己想做的事情。

在沒有好的學歷、沒有人脈，也欠缺能力之下，他知道追尋夢想這條路，還很艱辛。為了應付自己的開銷，他四處打工，做過便利商店的店員、服務業的送貨員，也曾在工地裡推水泥和石磚，就像一個雜工一般。但他默默吞下所有的辛苦與委屈，只要想到未來的目標和夢想，他就眼神發亮、精神抖擻。

最讓吉中熱血又興奮的，就是投入超越巔峯團隊辦演講。年紀最小的吉中，總是主動接下最繁瑣的工作，從打電話、發傳單、搬運物品，到引導問候、燈音控等方面，他都勇於挑戰學習。多年下來，不僅提升了各方面的實力，在溝通和講話方面都比以前更來得順暢，口吃的狀況也來愈少了。

這段時期，每個人都不相信吉中的夢想可以實現，然而團員間彼此不厭其煩地鼓勵與鞭策，讓他覺得離夢想愈來愈接近。接下超越巔峯的市場開發長，吉中表示自己一定會全力以赴，和大家一起完成目標！

創意總監：Derek

姓名	Derek	職稱	超越巔峯網路行銷創意總監
個人夢想	➢ 幫助更多人達到財富自由，享受人生 ➢ 讓家人過更好的生活，豐富自己的精彩人生		
經歷	➢ 通訊業店長 ➢ 銀行職員		

高中大學都重考的 Derek，坦承自己從小到大都要父母操心。因為哥哥唸到台大博士班，父母親也希望他擁有高學歷，因此支持他大學畢業後繼續往上念。

完成碩士學業後，Derek 想進銀行業，便努力準備各項證照考試，卻無奈地全部慘遭滑鐵盧。聽從父親的建議，回到桃園開手機店，營業兩年，發現這並不是他的興趣。只好繼續準備考試，最後終於考進人人稱羨的知名銀行！

開始在銀行穩定又規律的上班後，Derek 又覺得這似乎不是自己想要的。經過深深思考，他體會到，如果一直在安穩的舒適圈，人生不可能成功，也無法達成自己「做想做的事、幫助更多人、不再為錢煩惱」的目標。

於是在下班空閒之餘，他便跑到書局看書，假日也四處參加課程，只要有機會，不管是免費或付費，都主動積極地去學習。他不斷問自己：「為什麼有錢人都可以這麼有錢？他們又是掌握了什麼工具或方法可以變得有錢？」

一次因緣際會下，Derek 來上了我的一堂課：潛意識訓練課程。對於看來不善言談的我，卻擁有令他難以理解的爆發力跟感染力，他大為震驚！在滿懷好奇之下，Derek 持續追蹤超越巔峯其他課程。終於在「如何一網打盡——成交的祕密」這堂課後，我們有機會盡情暢談，他決定加入超越巔峯！

透過在團隊內不斷地磨練，Derek 在「網路行銷」領域找到自己的天賦！更在超越巔峯團隊擔任「網路行銷創意總監」，他深信唯有不斷地學習與努力才是成功的不二法門。懷抱超級感謝的心，Derek 堅定地說：「一定要幫助更多人成功，並且幫助他們實現夢想！」

潛力新秀：許亨毅

姓名	許亨毅	職稱	超越巔峯培訓講師
個人夢想	➢ 成為世界級講師，協助身邊的夥伴獲得健康及成功的人生 ➢ 成立基金會幫助更多人		
經歷	➢ 疾病管制署公務員 3 年		

亨毅從學生時期就跟大部分人一樣，為了不辜負父母的期待，相當認真唸書，拿到一次又一次的高分，也通過一次又一次的考試。雖然這樣的「成就」讓雙親感到欣慰，卻在他內心累積愈來愈深的疑問：「這真的是我想要的嗎？」

畢業後，第一份工作來到了疾病管制署。公家單位的工作似乎人人稱羨，每年總是有數十萬的人擠破頭想拿到這所謂的「鐵飯碗」，彷彿只要成為了公務人員，往後的人生就再也不需要煩惱。但事實真的是這樣嗎？身在其中的亨毅完全不這麼認為。

大量且枯燥乏味的行政業務，讓朝九晚六的作息可遇不可求，日復一日、年復一年，亨毅覺得熱情和鬥志都被消磨殆盡。不止工作上找不到任何的激情及成就感，最可怕的是周遭同事們即使抱怨連連，卻沒有半個人想過要改變現況。他認真地思考，才兩年的時間就快讓他忍受不了，難道未來二、三十年還要這樣過？

於是他開始大量學習，閱讀各式各樣的書，上網搜索五花八門的資訊，到各地聽不同類型的講座，為的就是尋找一個機會，一個可以讓他改變、翻身的機會。經過一段時間的摸索之後，亨毅明白了一個道理：任何時刻、任何地方其實都充滿著相當多的機會，但更重要的卻是如何去找到一位好老師，一位願意帶領、引導你的人生導師，這才是成功與否的關鍵！

在某個演講場合中，亨毅與我結識，我與他分享團隊的重要性，以及有著一群志同道合的夥伴是多麼美好的事情，於是他滿懷熱情地加入我的團隊。亨毅表示，非常喜歡團隊的氣氛與領導人，大家永遠說著積極正面的話語，總是讓身旁的人都充滿著正面能量，這是他夢寐以求的奮鬥天堂。

終於，亨毅找到了人生的目標，明白自己真正想要什麼！如今自己也不斷提升自我能力，朝向講師的道路前進！

陌開精靈：郭品岑

姓名	郭品岑	職稱	超越巔峯陌生領域開發精靈
個人夢想	➢ 帶全家人環遊世界，10 年內遍訪 150 個國家 ➢ 投入公益活動，奉獻社會 ➢ 幫助喜歡學習的朋友創造自己的價值		
經歷	➢ 牙科診所助理 5 年 ➢ 牙科護理長 1 年		

來自花蓮的品岑，排行老二，家中有四位兄弟姐妹。由於家中思想保守，極為重視學歷、文品，從小品岑就被不斷灌輸：「要努力讀書，只要學歷高，工作收入也相對優渥！」乖巧懂事的品岑，依照父母的期望，選擇就讀崇右技術學院。

在老一輩的觀念中，排行中間的小孩最獨立，品岑就是這樣一位獨立、有想法的女孩。到外地讀書後，崇尚自由，喜歡無拘無束的品岑，決定不再向家人伸手拿錢，除了努力讀書申請獎學金，也找了牙醫助理工作，自己半工半讀。

畢業後，品岑直接進入牙科領域，當上護理長，帶領數十位助理，每天奉獻 13 個小時給診所。然而長期的過度勞累，品岑的身體亮起了紅燈，免疫系統也頻頻失調。到了這一刻，品岑決定重新定義自己的人生藍圖。

在姐姐的介紹下，品岑接觸到預防醫學的業務產業。一開始她興致缺缺，因為對組織行銷一向沒什麼好感。但使用產品一段時間後，品岑確實慢慢健康起來，同時也發現很多人因為使用了該產品，在健康上獲得改善，讓她卸下了心防。之後，看到姐姐有不錯的銷售成績，擁有時間的自由和被動性收入，於是決定研究看看。

決定投入業務後，品岑充滿熱忱與抱負，以超強的活力展開行動。但畢竟沒有業務經驗，過程中，遇到許多挑戰和挫折。正當跌跌撞撞想放棄時，碰巧來到我的課堂進修，品岑為了提升自我能力，拼命地學習。由於進步神速，甚至接受了業務幫總監專訪，並獲得業務正妹競賽全台第二名！

在超越巔峯團隊擔任「陌生開發精靈」的品岑，負責向陌生名單銷售課程。這項艱難的業務，她卻能從容愉快地展開，「因為，」她說：「現在的努力，都是為了開創未來的美好人生啊！」

______（寫上希望的職稱）：______（寫上你的名字）

感謝你看到這裡，我們竭誠邀約你成為超越巔峯第 11 位元帥。

不論你學歷如何、過去經歷為何，這都不是我們最在乎的，重點是，你勇於吃苦、敢於夢想，擁有和我們一樣想幫助他人的遠大目標，以及熱血沸騰一定要成功的信念，那麼，你就是我們要找的人。

書末加贈超越巔峯最新課程優惠券，帶著這本書，以及你滿滿的熱忱，來與我們共同創造「財富自由」的人生吧！

姓名		貼上您的照片
職稱	超越巔峯______	
個人夢想		
經歷		

Q:自助出版是什麼？

A：一種由作者自費，交給自費出版平台負責製作；著作印妥後，作者可自行銷售，亦可委託自費出版平台代為發行上架事宜的出版方式。

Q:自資出版的特色為何？

A：相較於傳統出版自資出版之特點為

- 權利屬於作者
- 作者有100%自主權
- 彈性大、出版門檻較低
- 獲利大多數歸作者

Q:出版流程如何進行？

A：

Q:只有自己出書一種方式嗎？

A：你還有以下幾種出版方式可選擇：

- 企劃出版
- 協作出版
- 合資出版
- 加值出版

國家圖書館出版品預行編目資料

成交，就是這麼簡單／林裕峯 著
-- 初版. -- 新北市：創見文化, 2014.10　面；
公分（成功良品；75）
ISBN 978-986-90494-3-6

1. 銷售　2. 行銷心理學

496.5　　103012028

成功良品 75

成交，就是這麼簡單

創見文化・智慧的銳眼

作　者／林裕峯
總編輯／歐綾纖
副總編輯／陳雅貞
文字編輯／張欣宇
內文排版／陳曉觀
美術設計／吳吉昌
特約編輯／葉惟禎

郵撥帳號／50017206 采舍國際有限公司（郵撥購買，請另付一成郵資）
台灣出版中心／新北市中和區中山路2段366巷10號10樓
電話／（02）2248-7896　　傳真／（02）2248-7758
ISBN／978-986-90494-3-6
出版日期／2014年10月

全球華文市場總代理／采舍國際有限公司
地址／新北市中和區中山路2段366巷10號3樓
電話／（02）8245-8786　　傳真／（02）8245-8718

全系列書系特約展示
新絲路網路書店
地址／新北市中和區中山路2段366巷10號10樓
電話／（02）8245-9896
網址／www.silkbook.com
創見文化 facebook https://www.facebook.com/successbooks

本書於兩岸之行銷（營銷）活動悉由采舍國際公司圖書行銷部規畫執行。